Sicherheit im Wandel von Technologien und Märkten

Udo Bub · Viktor Deleski ·
Klaus-Dieter Wolfenstetter
Herausgeber

Sicherheit im Wandel von Technologien und Märkten

Tagungsband zur vierten EIT ICT
Labs-Konferenz zur IT-Sicherheit

Herausgeber

Dr. Udo Bub
Berlin, Deutschland

Viktor Deleski
München, Deutschland

Klaus-Dieter Wolfenstetter
Darmstadt, Deutschland

ISBN 978-3-658-11273-8
DOI 10.1007/978-3-658-11274-5

ISBN 978-3-658-11274-5 (eBook)

Die Deutsche Nationalbibliothek verzeichnet diese Publikation in der Deutschen Nationalbibliografie;
detaillierte bibliografische Daten sind im Internet über http://dnb.d-nb.de abrufbar.

Springer Vieweg
© Springer Fachmedien Wiesbaden 2015

Springer Fachmedien Wiesbaden GmbH ist Teil der Fachverlagsgruppe Springer Science+Business Media
(www.springer.com)

Vorwort zur 4. Berliner Sicherheitskonferenz

Die 4. Berliner IT-Sicherheitskonferenz fand am 26. September 2014 im Berliner Co-Location Center des European Institute of Innovation and Technology, den EIT ICT Labs, statt. Wie schon bei den Vorgängerkonferenzen zeichnet sie ein aktuelles Lagebild der Security Landschaft, in dem sich die Aussagen und Meinungen der Akteure, der Referenten und Diskutanten, wiederfinden. Neu war die Verknüpfung mit einer Veranstaltung des Münchner Kreises zur Stärkung der Sicherheitswirtschaft, die am Vorabend ebenfalls in den EIT ICT Labs stattfand.

Die Referenten Markus Dürig, Claudia Eckert, Christian Ehler, Bernd Kowalski, Kim Nguyen, Jan Pelzl, Joachim Posegga, Peter Schaar, Friedrich Tönsing sind durchweg ausgewiesene Kompetenz- und Entscheidungsträger, die neuere Entwicklungen wie zum Beispiel die geplante europäische Datenschutzverordnung, Sicherheitsanforderungen aus Szenarien der sogenannten Industrie 4.0 oder Planungen von Seiten der Regulierung und Zertifizierung, aufzeigten. Daneben gab es spannende Einblicke in hoch aktuelle Entwicklungen wie zum Beispiel der FIDO (Fast IDentity Online) Allianz zur sicheren, schnellen und einfachen Authentifizierung im Internet. Die Enthüllungen zum grenzenlosen Ausspähen in Wirtschaft und Gesellschaft, die zum Zeitpunkt der Konferenz schon mehr als ein Jahr zurück lagen, warfen immer mehr Fragen auf, als zufriedenstellende Antworten gegeben wurden. Insofern entwickelten sich lebhafte sicherheitspolitische Debatten, auch unter Mitwirkung des Publikums.

Im Gegensatz zu den vorherigen Tagungsbänden sind im vorliegenden Tagungsbericht keine vollständigen Vorträge abgedruckt, sondern die Präsentationen wurden durch uns mitprotokolliert und einheitlich zusammengefasst. Dadurch entstand eine von uns authentisch reflektierte Wiedergabe der Vorträge und Diskussionen, die anschließend in einem durchgängigen, einheitlichen Stil in diesem Büchlein veröffentlicht wurden.

Die Veranstalter bedanken sich bei allen Mitstreitern der Konferenz und dem Organisationsteam der EIT ICT Labs, insbesondere bei Michael Mast, in dessen Händen auch die Vor- und Nachbereitung der Konferenz lag.

Berlin, Juli 2015

Udo Bub
Viktor Deleski
Klaus-Dieter Wolfenstetter

Inhaltsverzeichnis

Die Herausgeber

Dr. Udo Bub ist Mitgründer und Managing Director von EIT ICT Labs Germany des European Institute of Innovation and Technology (EIT). Teilhaber sind SAP, Siemens, Deutsche Telekom, Fraunhofer Gesellschaft, DFKI und die TU Berlin. Er ist außerdem Mitgründer der Deutschen Telekom Laboratories und Langzeit-Mitglied des Führungsteams (2004 bis Ende 2011), und widmet sich seit Anfang 2012 voll und ganz der Aufgabe, die EIT ICT Labs aufzubauen. Zu seinen Verantwortungsbereichen gehören F&E in Human-Computer-Interaction, ICT-Architecture, ICT-Infrastructure und ICT-Security. Dr. Bub machte seinen Abschluss (Dr.-Ing., Dipl.-Ing.) an der TU München und hielt Langzeit-Forschungsaufträge an der Carnegie Mellon University's School of Computer Science in Pittsburgh, PA und bei Siemens Corporate Technology in München. Er ist Dozent für ICT Systemtechnik an der TU Berlin sowie Autor oder Co-Autor von mehr als 50 durch Experten geprüfte Journal- und Konferenz-Publikationen. Bevor er seine jetzige Position antrat, war Dr. Bub sechs Jahre als Management- und Technologie-Berater in der Telekommunikationsindustrie tätig.

Viktor Deleski verantwortet die PR und Marketingkommunikation beim Fraunhofer-Institut für Angewandte und Integrierte Sicherheit (AISEC), einer der führenden Forschungseinrichtung für angewandte Sicherheitsforschung in Deutschland und Europa. Bereits vor seiner Zeit beim Fraunhofer AISEC beschäftigte er sich mit der wachsenden Bedeutung der IT-Sicherheit für die Wirtschaft und Gesellschaft. Für das Fraunhofer AISEC kommuniziert er über alle Facetten der IT-Sicherheit von Automotive Security über Mobile Security bis hin zu Hardware Security. Zudem verfolgt er mit großem Interesse die zunehmende Digitalisierung und die damit einhergehenden Herausforderungen an der IT-Sicherheit.

Klaus-Dieter Wolfenstetter ist bei den Deutsche Telekom Innovation Laboratories in der Sicherheitsforschung tätig. Er befasst sich seit vielen Jahren mit der Informationssicherheit und dem Datenschutz. An der Spezifikation der Sicherheitsmerkmale und -verfahren der globalen digitalen Mobilkommunikation GSM war er maßgeblich betei-

ligt, ebenso an der Erarbeitung des wegweisenden Standards CCITT X.509 „Authentica-
tion Framework". Er ist Autor und Herausgeber des Standardwerks „Handbuch der In-
formations- und Kommunikationssicherheit" sowie weiterer Fachbücher und Tagungs-
bände über Kryptographie, Sicherheitsmanagement und Sicherheitsstandards. Im Rahmen seiner industriepolitischen Tätigkeit war er an der Entwicklung und Einführung der
elektronischen Identifizierungsfunktion des neuen Online-Personalausweises beteiligt.
Zuletzt engagierte er sich an der Gesetzgebung der EU Verordnung über „Elektronische
Identifizierung und Vertrauensdienste für Transaktionen im Binnenmarkt".

Datenschutz und Sicherheit in Deutschland

1

Peter Schaar

Vorsitzender der Europäischen Akademie für Informationsfreiheit und Datenschutz

Zusammenfassung

Das Thema Datenschutz und Datensicherheit ist als Thema längst aus den Expertenkreisen herausgetreten und hat vor allem durch die Enthüllungen von Edward Snowden eine breitere Öffentlichkeit bekommen. Es ist ein Thema, das die Menschen bewegt, ein Thema, das zunehmend auch alltägliche Problemstellungen umfasst. Denn die Informationstechnologie ist bei den Menschen angekommen, ob sie es nun wollen oder nicht. Sie können dem nicht mehr entgehen.

Was für das Privatleben der Menschen gilt, gilt in besonderem Maße auch für die Wirtschaft. Auch hier kann man sich der Informationstechnologie nicht mehr entziehen, sie ist unverzichtbare Grundlage vieler Geschäftsprozesse. In vielen Bereichen ist die Informationstechnologie gar auch ein Geschäftsfeld. Die Branchen, die gemeinhin als klassische Industriebereiche bezeichnet werden, sind heute so stark durchdrungen durch die IT, dass zurecht die Frage erlaubt ist, ob überhaupt noch zwischen Industrie und Informationswirtschaft unterschieden werden sollte. Und hier wird das Thema IT-Security und Datenschutz besonders wichtig. Und zwar nicht in dem Sinne, dass man sagen würde, Industrieprodukte oder auch innovative Dienste verkauften sich deshalb besonders gut, weil der Datenschutz und IT-Security so gut gewährleistet sind. Nein, im Gegenteil: In den Bereichen, in denen die IT-Security vernachlässigt wird, verkaufen sich die Produkte und Dienstleistungen eben nicht. Vereinfacht ausgedrückt kann man sagen, dass die Vorstellung, Datenschutz sei uncool, sich nicht durchgesetzt hat. Auch IT-Security ist nicht cool. Aber es sind notwendige Voraussetzungen dafür, wirtschaftlich erfolgreich zu agieren. Das ist eine Botschaft, die man nicht häufig genug auch aussen-

© Springer Fachmedien Wiesbaden 2015
U. Bub, V. Deleski, K.-D. Wolfenstetter (Hrsg.), *Sicherheit im Wandel von Technologien und Märkten,* DOI 10.1007/978-3-658-11274-5_1

den sollte. Viele, die das ignoriert haben, haben im wahrsten Sinne des Wortes Lehrgeld zahlen müssen – Kosten, die vermeidbar sind, wenn man sich rechtzeitig und intensiv der Frage nach der IT-Security widmet.

Die Zeit nach Snowden

Die starke Diskussion über Datenschutz und IT-Security hängt stark mit den Veröffentlichungen zusammen, die auf Edward Snowden zurückgehen. Während Insider schon länger einen Verdacht hatten, dass Spionage stattfindet, hatte die Präsentation der Tatsachen in Form von klaren Hinweisen in Dokumenten eine neue Qualität. Dies hat unsere Sicht auf IT-Sicherheit nachhaltig verändert. Die Sicht ist auch ein Stück politischer geworden. Auch wenn die Politik das Thema lange Zeit öffentlich heruntergespielt hat. Das hat sich zum Glück bis heute geändert, was vielleicht mit der gezielten Politikerüberwachung zu tun hat: Das Merkel-Handy als Symbol für Spionage. Gezielte Spionage von Personen ist jedoch nur ein Aspekt dieser Thematik. Der andere und für Deutschlands Wirtschaftssystem nicht minder wichtige Aspekt ist die Tatsache, dass in der Fläche Daten gesammelt wurden, dass vertrauenswürdige Netze kompromittiert worden sind, dass man nicht sicher sein kann, dass in den von deutschen Unternehmen betriebenen Netzen und IT-Systemen Komponenten enthalten sind, die „nach Hause telefonieren". Nach Hause telefonieren heißt nach Fort Meade, nach Peking oder nach Moskau. Das ist sehr beunruhigend. Denn es geht um Datenschutz, also den Schutz personenbezogener Daten, aber es geht auch um Wirtschaftsspionage. Es ist beunruhigend zu glauben, dass Erkenntnisse von Unternehmen, die in ihrem Bereich exzellent sind, möglicherweise Weltmarktführer sind, zur Konkurrenz abfließen können, die sich auf diese Art und Weise bestimmte Forschungsanstrengungen sparen können. Auch wenn Wirtschaftsspionage nicht die Hauptmotivation für die angloamerikanischen Geheimdienstaktivitäten war, sie auszuschließen wäre jedoch naiv. Denn in den Bereichen, wo strategische Interessen auf dem Spiel stehen, gehört es zur Aufgabe von Geheimdiensten in vielen Teilen dieser Welt. Auch in den USA und in Großbritannien – in Großbritannien steht es sogar im Gesetz, the economic wellbeing zu gewährleisten. Das bedeutet, dass in den genannten strategischen Feldern Informationen gegebenenfalls gesammelt und abgezogen werden.

Die Politik und die Technik

Immer wieder versucht die Politik Einfluss auf die Gestaltung von Technologien zu nehmen, erst recht und gerade wenn es um die Sicherheitsaspekte geht. In den USA gibt es seit 1994 den als CALEA bekannten Communications Assistance for Law Enforcement Act, der eine Verpflichtung für IKT-Hersteller vorsieht in IT-Komponenten bestimmte Überwachungsmöglichkeiten vorzusehen. Zwar richtet sich CALEA wie bei uns die TKÜV, die Telekommunikations-Überwachungsverordnung, primär an diejenigen, die für diese kritischen Infrastrukturen bestimmte Komponenten bereitstellen, aber natürlich werden dieselben Komponenten außerhalb der USA verkauft. Man muss davon ausgehen, dass diejenigen, die den Zugang dazu haben und über entsprechende Insiderinformationen verfügen praktisch in der Lage sind, Informationen abfließen zu lassen. Im Wissen um diese Möglichkeiten haben im US-Kongress Diskussionen stattgefunden über die Frage, ob man in öffentlichen Netzen der USA noch chinesische Komponenten, speziell der Firma Huawei, einsetzen darf. Und damit sind nicht nur diejenigen Netzwerke gemeint, die im Regierungseigentum oder unter Regie der Regierung betrieben werden, sondern auch andere öffentliche Netze, die von Telekommunikationsunternehmen betrieben werden. Das Ergebnis der Diskussion war: Nein, darf nicht. Interessant vor diesem Hintergrund ist auch die Tatsache, dass chinesische und US-amerikanische Hersteller von bestimmen IT-Komponenten wie beispielsweise bei Router-Technologien den Weltmarkt untereinander aufteilen. Natürlich gibt es auch noch andere Hersteller aus Deutschland und Europa, aber deren Marktanteile sind zu gering. Wenn aber die Vorgabe für technische Systemgestaltung eine solche politische Dimension annimmt, dann muss die Frage erlaubt sein: Wo ist Europa? Wo ist Deutschland? Die Antwort auf diese Frage ist eine Chance. Wenn Deutschland über entsprechendes Know-how verfügt, wenn dieses Know-how gestärkt und weiter aufgebaut wird, wenn daraus Geschäftsmodelle entstehen, wenn daraus Produkte entstehen und neue Dienste, dann verkaufen sich plötzlich IT-Security und Datenschutz schon.

IT-Security stärkt Geschäftsmodell

Es ist sicher kein Zufall, dass Apple und Google fast zeitgleich Datenschutzoffensiven angekündigt haben, die in Wirklichkeit keine Datenschutzoffensiven, sondern IT-Security-Initiativen sind. Diese besagen, dass bestimmte Sicherheitsmechanismen zur Standardvorgabe bei der Auslieferung ihrer Geräte und Dienste werden. Apple hat ja sogar versprochen, die Geräte so zu konstruieren, dass nicht einmal Apple selbst Zugang zu diesen nach der Auslieferung hat, selbst wenn sie gezwungen werden. Das hat zu einer heftigen Debatte in den USA geführt, ob sie es denn so dürfen. Es bleibt abzuwarten, was davon wirklich umgesetzt wird, eines zeigt es jedoch deutlich: Das Bewusstsein ist auch in den Managementabteilungen da. Eine Erkenntnis, dass die Geschäftsmodelle der Unternehmen gefährdet sind, wenn die Sicherheit und der Datenschutz der Kunden kompromittiert werden. Und im Zuge dieser Erkenntnisse werden auch durchaus sehr ernsthafte Bemühungen unternommen, was beispielsweise die Dislozierung von bestimmten Diensten in verschiedenen Weltregionen anbelangt. Ob das tatsächlich klappt, das ist eine rechtliche Frage. In den USA greifen die Regelungen auch exterritorial, gerade was Überwachung anbelangt. Es gibt mehrere Gerichtsurteile gegen die Firma

Microsoft, in denen die Firma dazu verurteilt wurde, bestimmte Informationen, die auf ausländischen Servern durch das Unternehmen gespeichert sind, herauszugeben. Eine endgültige Entscheidung durch den Supreme Court steht noch aus. Entscheidet es gegen Microsoft, so konterkariert das alle Versuche des Unternehmens und natürlich aller anderen US-Unternehmen, dem Problem durch die Verlagerung von bestimmten Servern nach Europa aus dem Weg zu gehen. Die betroffenen Unternehmen befinden sich eigentlich in einer ausweglosen Situation. Denn wenn sie nach US-Recht bestimmte Informationen weitergeben, verstoßen sie gegen EU-Recht. Wenn sie europäischem Datenschutzrecht unterliegen dürfen sie keine Informationen an Drittländer ausliefern. Wenn sie jedoch Informationen nicht herausgeben oder sogar darüber sprechen zum Beispiel mit europäischen Behörden, was ja vorgeschrieben ist in den EU-Regelungen, verstoßen sie gegen US-Recht. Ob die US-EU-Datenschutzabkommen auch wirklich kommen und hier Abhilfe schaffen können, ist auch nicht sicher.

Politik muss konfliktfähig werden

Es sind Lösungen notwendig, die über Europa hinaus gelten und Grundsätze, die auch verbindlich und einklagbar sind und zwar unabhängig vom Standort der Technologie. Auch im Hinblick auf die Frage, welcher Nationalität die Betroffenen sind oder wo sie sich gerade aufhalten – die Unterscheidung zwischen US-persons und dem Rest der Welt, gerade wenn es um die Daten geht, die auf Servern gespeichert werden. Diese Unterscheidung, die es in vielen Rechtsordnungen gibt – auch in Deutschland ist das nicht ganz fremd, wenn auch nicht so ausgeprägt –, darf nicht mehr länger hingenommen werden. Das heißt, dass es wichtig ist, die Rechtssysteme weiterzuentwickeln, auch auf der Basis dessen, was uns die Menschenrechte vorgeben, die ja ein Menschenrecht auf Privatleben und damit auch auf Privatsphäre enthalten. Aber das wird nicht genug sein. Es werden technische Lösungen gebraucht, die Privatsphäre und die IT-Sicherheit gewährleisten. Und man braucht wirtschaftliche Anreizsysteme, die dieses fördern. Der Instrumentenkasten ist ziemlich groß. Er muss entsprechend weiterentwickelt werden. Es ist die Aufgabe der Politik, hier voranzugehen. Und sie muss auch konfliktfähig werden und langfristiger denken. Gerade in der Beziehung zu den USA gibt es keinen Grund, allzu schüchtern zu sein. Es ist nicht eine Frage der Höflichkeit, sondern eine Frage der Interessenwahrnehmung. Und da gibt es dann unterschiedliche Interessen und die müssen kommuniziert werden, um nach gemeinsamen Lösungen zu suchen. Es ist enorm wichtig, dass Technologien nicht im nationalen Maßstab weiterentwickelt werden, sondern vor allem im internationalen. Dass auch die Businessmodelle heute nicht mehr national funktionieren, sondern europäisch, aber auch darüber hinaus funktionieren müssen. Gleichwohl gibt es so etwas wie gewachsene Werte. Die müssen hochgehalten werden. Der Datenschutz gehört dazu.

Verantwortung zwischen Gesetzgebung und Wirtschaft

2

Dr. Markus Dürig

Leiter des Referats IT-Sicherheit, Bundesministerium des Innern

Zusammenfassung

Technologien und Märkte entwickeln und verändern sich. Die rasante Beschleunigung in nahezu allen Lebens- und Entscheidungsabläufen führt zu einem Wandel in der Gesellschaft, in der Politik und in der Wirtschaft. Für die Politik ergibt sich hieraus die Aufgabe, diesen digitalen Wandel aktiv zu begleiten und Rahmenbedingungen für das Leben, Lernen, Arbeiten und Wirtschaften in einer digital vernetzten Welt zu setzen.

Bei allen Veränderungen, die den Menschen umgeben und beeinflussen, ist eines geblieben: das Bedürfnis nach Sicherheit. In der so genannten „Maslowschen Bedürfnispyramide", mit der menschliche Bedürfnisse und Motivationen in einer – wenn auch etwas grob skizzierten – hierarchischen Struktur beschrieben werden, rangiert die Sicherheit direkt nach den körperlichen Grundbedürfnissen. Gleichzeitig ist Sicherheit aber auch ein Defizitbedürfnis. Als Wert wird sie erst wahrgenommen, wenn sie fehlt. Die Frage nach der Gewährleistung von Sicherheit im Netz gerät in der öffentlichen Debatte regelmäßig in ein Spannungsfeld mit Werten wie Freiheit, Unabhängigkeit und Kreativität – mit eben jenen Werten also, die im Netz einen besonders hohen Stellenwert genießen. Wer hier Sicherheit – und damit in der Regel auch Beschränkungen – schaffen will, sieht sich besonderem Rechtfertigungsdruck ausgesetzt. Hinzu kommt, dass Sicherheit im Netz wenig greifbar ist. Schadensfälle wie Datenverluste und Betrügereien, Manipulationen und Spionage werden von den Betroffenen oft erst dann bemerkt, wenn sie sich in der realen Welt auswirken. Ein Großteil bleibt sogar unentdeckt. Gleichzeitig ist die digitale Welt in Aufbau und Funktionsweise für den Nichtspezialisten wenig durch-

© Springer Fachmedien Wiesbaden 2015
U. Bub, V. Deleski, K.-D. Wolfenstetter (Hrsg.), *Sicherheit im Wandel von Technologien und Märkten,* DOI 10.1007/978-3-658-11274-5_2

dringbar. Vieles bleibt abstrakt – auch die Bedrohung. Dies mag eine der Ursachen dafür sein, dass das Streben des Staates nach mehr Sicherheit im Datenverkehr oftmals auf mehr Vorbehalte trifft als in anderen Bereichen – wie zum Beispiel im Straßenverkehr. Allerdings konnten sich die Regeln und Notwendigkeiten im Straßenverkehr auch über einen Zeitraum von mehr als einhundert Jahren entwickeln. Im Netz hatte und hat unsere Gesellschaft diese Zeit nicht. Die Gewährleistung von Sicherheit im sogenannten Cyber-Raum ist eine gemeinsame Herausforderung für Staat, Wirtschaft und Gesellschaft im nationalen und internationalen Kontext. Mit Blick auf diese verteilte Verantwortung lässt sich dieses Ziel nur dann erreichen, wenn alle Akteure gemeinsam und partnerschaftlich ihre jeweilige Aufgabe wahrnehmen.

Aufgaben des Staates

Was also sind die staatlichen Aufgaben rund um das Thema Internet? Und welche Funktionen muss der Staat wahrnehmen? Das Bundesministerium des Innern hat für sich drei Bereiche definiert:

1. Der Staat hat eine Freiheits- und Ausgleichsfunktion. Die Nutzung des Netzes und der Zugriff auf das Internet dürfen – soweit möglich – nicht begrenzt werden.

2. Der Staat hat eine Angebots- und Innovationsfunktion. Aufgabe des Staates ist es, ein Klima für Innovation zu schaffen und selbst Entwicklungen gezielt zu fördern, etwa für die Nutzung staatlicher Dienstleistungen durch die Bürgerinnen und Bürger. Beispiele hierfür sind die eID-Funktion des Personalausweises und De-Mail, mit denen wichtige Voraussetzungen für die vertrauenswürdige Kommunikation im Netz geschaffen wurden. Der Staat macht hier ein Angebot bzw. schafft die gesetzlichen Grundlagen. Das De-Mail-Gesetz etwa regelt die Mindestanforderungen an einen sicheren elektronischen Nachrichtenaustausch und sorgt für ein geregeltes Verfahren, wie diese Mindestanforderungen, die für alle privaten De-Mail-Anbieter in gleicher Weise gelten, wirksam überprüft werden. Das sind wichtige Voraussetzungen für das Entstehen von Vertrauen in die Sicherheit und für die Qualität der De-Mail-Dienste. In der Verantwortung jedes Einzelnen liegt es dann aber, darüber zu entscheiden, ob er diese Technologien auch tatsächlich zum Einsatz bringt.

3. Der Staat hat eine Schutz- und Gewährleistungsfunktion. Der Staat trägt eine Mitverantwortung für das Internet als Infrastruktur, die für alle zugänglich sein und zuverlässig funktionieren muss, und in der die in der analogen Welt über zum Teil Jahrhunderte entwickelte Rechtsordnung, insbesondere die Menschen- und Freiheitsrechte, selbstverständlich Anwendung finden.

Zu Punkt 3 gehört zunächst ein angemessener Schutz des Internets als Teil der Kritischen Infrastrukturen. Es geht darüber hinaus aber auch um den Schutz der Menschen- und Freiheitsrechte, zum Beispiel der persönlichen Daten im Netz. Meldungen über großflächige Diebstähle von Identitäten durch Kriminelle, über kaum reguliertes Sammeln, Aus- und Verwerten persönlicher Daten durch große IT-Konzerne und über die umfassende Ausspähung durch Nachrichtendienste aus der ganzen Welt haben den Blick auf das Internet und die Digitalisierung verändert. Die Themen Datenschutz und Datensicherheit haben dadurch sicherlich für alle eine ganz neue Bedeutung bekommen.

Sicherheitsgewährleistung des Staates

Im Koalitionsvertrag der Bundesregierung wird eine Vielzahl programmatischer Aussagen zu verschiedenen Aspekten der IT-Sicherheit und zum Schutz der Bürgerinnen und Bürger im Netz getroffen. Dabei geht es unter anderem um die Stärkung nationaler technologischer Kompetenzen im europäischen Verbund, die Beförderung einer vertrauenswürdigen IT- und Netzstruktur sowie auf europäischer Ebene um die Unterstützung eines europäischen Datenschutzrechts der Wirtschaft. Bei all diesen Maßnahmen geht es um die Sicherheit im Netz sowie die Sicherheit der zugrundeliegenden Netzinfrastrukturen. Dies ist zunächst wenig überraschend, gehört doch die Gewährleistung von Sicherheit seit jeher zu den vornehmsten Aufgaben des Staates. Die Prinzipien der Rechtsordnung auch im Zeitalter der Digitalisierung und Vernetzung müssen auch nicht komplett neu erfunden werden: Die Grundlagen des Rechts- und Wertesystems stammen aus der analogen Welt. Für all das, was sich dort als Interessenausgleich und Verantwortungswahrnehmung von Staat und Wirtschaft bewährt hat, ist grundsätzlich anzunehmen, dass dies auch in der digitalen Welt so ist.

IT-Sicherheitsgesetz

Zum Schutz der Bürgerinnen und Bürger in einem freien Netz sind sichere IT-Systeme notwendig. Die Sicherheit der IT-Systeme und digitalen Infrastrukturen ist Grundlage jeder Digitalisierung. Den Kern des IT-Sicherheitsgesetzes bildet das Verhältnis zwischen Risiko, Schutz und Verantwortung: Wer ein Risiko für die Menschen schafft, der trägt auch eine besondere Verantwortung für ihren Schutz. Je gravierender diese Risiken sind, desto höhere Anforderungen sind an die entsprechenden Schutzvorkehrungen zu stellen. Und desto mehr muss der für das Risiko Verantwortliche im Rahmen seiner Möglichkeiten dafür Sorge tragen, dass die zum Schutz der Personen vorgesehenen Garantien tatsächlich verwirklicht werden können. Den bestehenden Initiativen für mehr

IT-Sicherheit liegt ein freiwilliger Ansatz zugrunde. Sie sind Angebote für Bürger und Unternehmen, im Rahmen ihrer jeweiligen Eigenverantwortung selbst für mehr Sicherheit im Netz zu sorgen. Dies gilt beispielsweise für die Informationsmöglichkeiten und aktuellen Sicherheitshinweise des Bundesamtes für Sicherheit in der Informationstechnik auf der Webseite „BSI für Bürger" und das „Bürger-CERT". Zusätzlich leistet der Verein „Deutschland sicher im Netz", wichtige Arbeit bei der Aufklärung von Internetnutzern über die Risiken im Netz. Speziell auf die Belange der Wirtschaft, Wissenschaft und öffentlichen Verwaltung ausgerichtet ist die vom BSI in Zusammenarbeit mit dem Branchenverband BITKOM im Jahr 2012 gegründete „Allianz für Cyber-Sicherheit". Mehr als 1000 Institutionen aller Branchen und Größenordnungen haben sich dieser Allianz bereits angeschlossen. Sie alle profitieren von dem wechselseitigen und freiwilligen Austausch von Know-how und dem umfangreichen Informationsangebot in der Allianz. Diese Zusammenarbeit von Staat und Wirtschaft funktioniert. Die Resonanz der Beteiligten ist durchweg positiv. Wozu also ein IT-Sicherheitsgesetz?

Mit dem IT-Sicherheitsgesetz sollen in Deutschland branchenweite Standards für die IT-Sicherheit in den Bereichen der Wirtschaft eingeführt werden, die für das Wohl der Gesellschaft von elementarer Bedeutung sind. Adressaten sind somit Unternehmen aus den Bereichen Energie, Informationstechnik und Telekommunikation, Transport und Verkehr, Gesundheit, Wasser, Ernährung sowie aus dem Finanz- und Versicherungswesen. Das IT-Sicherheitsniveau ist in diesen Bereichen derzeit noch sehr unterschiedlich. Und das, obwohl Ausfälle der IT-Systeme dieser Kritischen Infrastrukturen weitreichende, teils sogar dramatische Folgen für die Gesellschaft haben würden. Es leuchtet daher unmittelbar ein, dass in diesen Bereichen höhere Anforderungen an die IT-Sicherheit gelten müssen als in anderen Bereichen des gesellschaftlichen Lebens. Auf freiwilliger Basis bestehende Angebote und Initiativen in Anspruch zu nehmen, reicht hier nicht aus. Das IT-Sicherheitsgesetz nimmt insoweit also diejenigen Aspekte von IT-Sicherheit in den Blick, deren Gewährleistung jenseits der Eigenverantwortlichkeit des Einzelnen im gesamtgesellschaftlichen Interesse liegt. Hier gibt es für den Staat eine Verantwortung, regulatorisch tätig zu werden.

Aber auch dann, wenn der Staat in einzelnen Bereichen regulatorisch tätig wird, bleibt die Gewährleistung von Sicherheit im Cyber-Raum eine gemeinsame Herausforderung für Staat, Wirtschaft und Gesellschaft. Der Gesetzgeber sollte insbesondere nicht vorgeben, bis in die kleinste Verästelung hinein alles selber regeln zu können. Es läuft auf einen kooperativen Ansatz hinaus: Die grundsätzlich betroffenen Wirtschaftszweige sind zwar gesetzt. Auch die als kritisch anzusehenden Dienstleistungen, die über das IT-Sicherheitsgesetz geschützt werden sollen. Wenn es aber im weiteren Verfahren darum gehen wird, zu bestimmen, welche Einzelsegmente der betroffenen Branchen als kritisch anzusehen und demzufolge zu regulieren sind, muss die Expertise der Wirtschaft umfassend mit einbezogen werden. Niemand kennt die Strukturen eines Unternehmens so gut wie das betreffende Unternehmen selbst. Nur im Zusammenwirken mit der Wirtschaft wird es daher möglich sein, den Adressatenkreis der Regelungen des IT-Sicherheitsgesetzes wirklich zielgenau zu bestimmen. Entsprechendes gilt für die Entwicklung branchenweiter IT-Sicherheitsstandards: Betreiber Kritischer Infrastrukturen und ihre Branchenverbände können branchenspezifische Sicherheitsstandards vorschlagen. Das Bundesamt soll dann im Einvernehmen mit den zuständigen Aufsichtsbehörden und dem Bundesamt für Bevölkerungsschutz und Katastrophenhilfe feststellen, ob diese geeignet sind, die gesetzlichen Anforderungen zu erfüllen.

IT-Sicherheitsgesetz – Meldepflicht

Das IT-Sicherheitsgesetz sieht für die Betreiber Kritischer Infrastrukturen neben der Einführung von IT-Sicherheitsstandards auch eine Pflicht zur Meldung von Cyber-Angriffen vor. Damit Bedrohungen im Cyber-Raum frühzeitig erkannt werden können und wirksame Vorsorge- und Gegenmaßnahmen ergriffen werden können, ist ein umfassendes Lagebild über die aktuelle Gefahrensituation im Netz notwendig. Dem berechtigten Bedürfnis der Unternehmen nach einem größtmöglichen Schutz ihrer Unternehmensinteressen soll dabei soweit wie möglich entsprochen werden: So sollen die entsprechenden Meldungen an das Bundesamt für Sicherheit in der Informationstechnik (BSI) zum Beispiel auch ohne namentliche Nennung des Unternehmens möglich sein, solange es noch nicht zu einem gefährlichen Ausfall oder einer Beeinträchtigung der Kritischen Infrastruktur gekommen ist. Um den Aufwand bei den betroffenen Unternehmen möglichst gering zu halten, sieht das Gesetz außerdem vor, dass bereits etablierte Meldewege und -verfahren soweit wie möglich erhalten bleiben. Die Umsetzung dieser Meldepflicht bedeutet für die betroffenen Unternehmen einen zusätzlichen Aufwand. Sie wird den Unternehmen vor allem aber auch einen deutlichen Mehrwert bringen: Nach Auswertung der beim BSI eingehenden Informationen zu Sicherheitslücken, Schadprogrammen und Angriffen auf die IT-Systeme sowie möglichen Auswirkungen auf die Verfügbarkeit der Kritischen Infrastrukturen werden gefährdete Betreiber vom Bundesamt umgehend unterrichtet, damit dort die erforderlichen Maßnahmen zum Schutz der Infrastrukturen eingeleitet werden können. Die Unternehmen leisten also durch ihre Meldungen einen eigenen Beitrag und bekommen dafür im Gegenzug ein Mehrfaches an Informationen und Know-how zurück. Es ist in diesem Sinne also eine typische Win-win-Situation!

Die Umsetzung der genannten Maßnahmen wird mittelfristig zu einem deutlichen Gewinn an IT-Sicherheit in Deutschland Land führen, von dem der Wirtschaftsstandort insgesamt profitieren wird. Mit dem IT-Sicherheitsgesetz möchte Deutschland international Vorreiter und Vorbild für die Entwicklung in anderen Ländern sein und so nicht zuletzt auch deutschen Sicherheitsunternehmen Exportchancen eröffnen.

Datenschutz-Grundverordnung

Begleitet werden müssen diese Entwicklungen von einem modernen Datenschutzschutzrecht, das in Bezug auf die Risiken des Internetzeitalters besseren Schutz bietet und gleichzeitig die Chancen und Freiheiten des Internets wahrt. Die geltenden Regelungen des Datenschutzrechts werden der technischen Entwicklung und Vernetzung nicht mehr gerecht. Insbesondere „Big Data" und „Predictive Analytics" entwickeln sich zu einem zentralen Thema, denn die hergebrachten Grundsätze des Datenschutzrechts laufen den Möglichkeiten von Big Data-Analysen teilweise diametral zuwider:

- Das betrifft zum Beispiel den Grundsatz der Datensparsamkeit: Big Data beruht auf dem Grundsatz der Datenmaximierung. Je mehr Daten vorhanden sind, desto besser die daraus gewonnenen Ergebnisse.

- Das betrifft aber beispielsweise auch den Zweckbindungsgrundsatz: Big Data kennt keine Zweckbegrenzung. Daten werden ständig de- und rekontextualisiert. Sie werden für alle denkbaren Zwecke analysiert, insbesondere auch für solche, die zum Zeitpunkt der Datenerhebung noch nicht erkennbar waren.

- Das betrifft vor allem aber auch das Einwilligungserfordernis: Aufgrund von Menge und Heterogenität der zu analysierenden Daten ist die Einholung der Einwilligung bei Big-Data-Analysen illusorisch.

Mit der Datenschutz-Grundverordnung eröffnet sich die Chance, das Datenschutzrecht in Europa so zu modernisieren, dass es den Herausforderungen des digitalen Zeitalters gerecht wird. Eine Lösung könnte ein rechtsgutsbezogener, risikobasierter Ansatz. Darunter ist zu verstehen, dass ein Datenverarbeiter je nach Risiko seiner Datenverarbeitung für einzelne Rechtsgüter bestimmte abgestufte Vorsichts- und Schutzmaßnahmen ergreifen muss. Je höher das Risiko der „Big-Data"-Analyse für das Persönlichkeitsrecht, desto schärfer die einzuhaltenden Pflichten. Die mögliche Bandbreite reicht von einer Freigabe bestimmter risikoloser „Big-Data"-Analysen bis hin zu einem Verbot besonders risikobehafteter Analysen.

Neben der Einwilligung kommen insbesondere Transparenzgebote und Informationspflichten als Schutzmaßnahmen zugunsten des Betroffenen in Betracht. Es ist mit Sorge zu betrachten, wenn im Bereich des Datenschutzes mit grundsätzlich sinnvollen Instrumenten wie der Einwilligung die Verantwortung auf die Nutzer abgewälzt werden kann. Im Internetzeitalter wird die Einwilligung oft zu einem formalisierten Akt, der beim Nutzer die Illusion der Kontrolle über „seine" Daten erweckt und der die Illusion nährt, Einfluss auf die Datenverarbeitung zu haben. Tatsächlich hat der Nutzer nach Abgabe seiner Einwilligung kaum mehr einen Einblick in die Weiterverarbeitung seiner Daten. Dieser Intransparenz kann nur mit entsprechenden Transparenzgeboten begegnet werden! Man muss daher von Unternehmen erwarten und einfordern, dass sie ihrer Verantwortung im Sinne eines freien Internets, zu dem auch der Schutz der Privatsphäre, der Schutz von Persönlichkeitsrechten und der Schutz vor digitaler Diskriminierung gehört, gerecht werden.

Andererseits: Dem Datenverarbeiter zu viele Pflichten aufzuerlegen führt aber nur dazu, dass diese Pflichten in der Praxis nicht beachtet werden („Weniger-ist-mehr"-Paradoxon). Und eine strukturelle Nichtbeachtung des Datenschutzrechts führt dazu, dass die Autorität und Legitimität des Rechts untergraben wird. So gut unsere Instrumente zur Cyberabwehr und unsere Regelungen zum Datenschutz auch sein mögen: Es kommt auch hier entscheidend auf die Initiative und den Willen von Gesellschaft und Wirtschaft an. Das Bewusstsein für mehr Datenschutz und Datensicherheit im Netz muss daher weiter steigen. Zwei Zahlen sind in diesem Zusammenhang interessant:

- 80 % der Smartphone-Nutzer in Deutschland haben keinerlei Schutzsoftware auf ihrem Gerät installiert.

- 95 % der Bundesbürger verschlüsseln ihre Mails – meist mit vertraulichem Inhalt – nicht.

Hier muss sich etwas ändern! Aber das kann und soll nicht staatlich verordnet werden. Hier muss man – nicht zuletzt auch aus grundsätzlichen ordnungspolitischen Erwägungen heraus – auf die Selbstorganisation von Wirtschaft und Gesellschaft im Sinne einer Hilfe zur Selbsthilfe vertrauen. Staatliche Informationsangebote sind ja vorhanden.

Ausblick

Viele Fragen der Digitalisierung sind heute nur noch international, global zu lösen. Das findet mittlerweile auch seinen Niederschlag in der Agenda der internationalen Politik, sei es bei G7 und G8, bei der OSZE, bei OECD und APEC, in der NATO, in der EU oder bei den Vereinten Nationen. Grundlage für den Erfolg der internationalen und europäischen Initiativen ist jedoch zuallererst ein entschlossenes nationales Handeln, bei dem alle Akteure ihrer jeweiligen Verantwortung nachkommen.

Datenschutz und Sicherheit in der EU

3

Dr. Christian Ehler

Mitglied des Europäischen Parlaments

Zusammenfassung

Es ist eine Binsenweisheit, zu sagen, dass die digitale Dimension auf Ländergrenzen keine Rücksicht mehr nimmt. Es ist eine Diskussion über das Thema im Gange, die sehr wichtig ist. Die relativ ehrliche, aber kritisch aufgenommene Äußerung der Bundeskanzlerin, die gesagt hat „das ist Neuland" wurde zwar in der Öffentlichkeit belacht, aber das war in der ganzen Diskussion die ehrlichste politische Aussage, die getroffen worden ist.

Das Thema Digitalisierung spielt natürlich in vielen Fragestellungen in der politischen Generation in Europa, die Entscheidungen trifft, eine große Rolle. So zum Beispiel beim Thema Datenschutz. Der Datenschutz ist für die europäischen Bürger eine entscheidende Frage. Aber es ist auch eine entscheidende Frage für den Erfolg der Unternehmen in Europa. Wenn man sich europaweit auf einheitliche Richtlinien und Verordnungen berufen kann, ist das im Grunde genommen die Mindestanforderungsgröße für den Datenschutz, aber auch die Grundlage, dass überhaupt auf globaler Ebene agiert werden kann. Der Flickenteppich aus nationalen Verordnungen und Gesetzen, der seit den letzten Datenschutzrisiken in Europa entstanden ist, ist im Grunde genommen der Datenflut und den infrastrukturellen Herausforderungen nicht mehr gewachsen.

© Springer Fachmedien Wiesbaden 2015
U. Bub, V. Deleski, K.-D. Wolfenstetter (Hrsg.), *Sicherheit im Wandel von Technologien und Märkten*, DOI 10.1007/978-3-658-11274-5_3

ICT als europäische Infrastruktur

Die letzte gemeinsame Datenschutzrichtlinie der Mitgliedsstaaten – und das wird zu oft vergessen – stammt aus dem Jahr 1995. Zur Erinnerung: Das war das Jahr des ersten Windows-Betriebssystems. Die Vorstellung des ersten Internet-fähigen Mobiltelefons in Cannes war dann vier Jahre später, das Unternehmen Ebay war gerade frisch aus der Taufe gehoben worden und amazon verkaufte gerade das erste Buch via Internet. Das macht deutlich, vor welche Mammutaufgaben die Diskussionen um ein europäisches Datenschutzrecht und gemeinsame Sicherheitsrichtlinien heute gestellt sind. Im Jahr 2011 gingen kurz vor Weihnachten allein aus Deutschland 2,8 Millionen Bestellungen bei amazon ein, aus Europa waren es etwa 15 Millionen. Bis zum Jahr 2017 soll der globale Datenverkehr auf schätzungsweise 7,7 Zetabyte anwachsen. Gerade einmal 17 % davon werden derzeit von Privatnutzern genutzt und der Großteil von 76 % wird für Datenspeicherung in Industrie, Forschung und in virtuellen Netzwerken genutzt. Die Dateninfrastruktur ist inzwischen ein Schlüsselfaktor für die globale Wettbewerbsfähigkeit geworden. Nach Schätzungen der Europäischen Kommission wird Europa langfristig sein BIP um fast 500 Milliarden Euro jährlich steigern können, sobald die Erschließung des digitalen Binnenmarktes vollendet ist. Vor diesem Hintergrund ist es eine gewisse Kuriosität, dass die europäischen Innenminister seit mehr als fünf Jahren überlegen, ob ICT (Information and Communication Technology) eine europäische Infrastruktur ist. Was für Verkehr und Energie seit langem gilt, ist für ICT derzeit noch nicht realisiert. Im Rahmen eines Moratoriums wurde seinerzeit beschlossen, dass sich die Innenminister der europäischen Mitgliedstaaten überlegen sollten, ob ICT eine europäische Infrastruktur ist. Zu einem Entschluss sind sie bis heute nicht gekommen. Das sind die aktuellen Rahmenbedingen, die auch politisch, auf die Diskussion und auch auf die Akzeptanz und die Ausprägung der europäischen Datenschutzrichtlinie einwirken, die zwischen Mitgliedstaaten, dem europäischen Parlament und der Kommission verhandelt werden. Und es ist ein positives Signal, dass mit Günther Oettinger ein Deutscher als Kommissar für das Digitale zuständig ist.

Mehr Mittel für IT-Sicherheit

Die Europäische Union hat, was das Thema Sicherheit und Sicherheitsforschung angeht, viel getan. Das Europäische Parlament hat in das neue Forschungsrahmenprogramm (Horizon 2020) das Sicherheitsforschungsprogramm explizit aufgenommen. Die Kommission konnte sich leider selbst nicht dazu entscheiden. Innerhalb des Forschungsrahmenprogrammes gibt es zum ersten Mal, auch als einzigem Bereich, einen Aufwuchs von 1,4 Milliarden auf 1,7 Milliarden Euro. Es ist der einzige Aufwuchs im gesamten Horizon-Forschungsprogramm in Europa. Und es war ein harter Kampf mit den Mitgliedstaaten, weil auch hier die Frage aufkam: Sollen die Staaten in nationalen Antagonismen verharren oder soll es einen gemeinsamen europäischen Ansatz geben? Das Thema Cyber Security ist ebenfalls als eigene Challenge eingefügt worden. Dafür wurden 250 Millionen Euro allokiert, die in den Bereich von Günter Oettinger einfließen. Also, das heißt, es hat eine gewisse Reaktion gegeben, was die Allokation von Mitteln für das Thema IT-Sicherheit betrifft.

Keine monokausalen Lösungsmodelle

Ein zweites Thema, das die EU unbedingt vorantreiben muss, ist der Dialog mit den USA. Im Transatlatic Legeslaters' Dialogue (TLD) des EU-Parlaments gibt es regelmäßige Gespräche mit den US-Kollegen aus dem Intelligence Select Committee. Zweimal im Jahr gibt es diese Gespräche und Cyber Security steht bereits seit fünf Jahren auf der Tagesordnung. Die Diskussion ist jedoch etwas komplexer inzwischen. Die EU ist der Meinung, dass monokausale Modelle nicht funktionieren werden. Es muss ein etwas komplexerer Ansatz gefunden werden. Das heißt, die NSA und die damit verbundene Diskussion in Deutschland ist sicherlich richtig, das sind notwendige Dinge, die natürlich auch massive Interessenskonflikte betreffen. Aber die EU glaubt, dass indirekte parallele Anreizsysteme geschaffen werden müssen. Was sind solche Anreizsysteme?

Ein Beispiel ist die amerikanische Börsenaufsichtsbehörde SEC, die 2011 eine so genannte information publiziert hat, die wohlbemerkt nicht bindend ist, die den börsennotierten amerikanischen Unternehmen empfohlen hat, Verluste, die durch cyber incidents entstehen, zu bilanzieren. Das ist eine Diskussion, die die Fragestellung aufnimmt, ob man in dem Bereich der IT-Sicherheit durch rein regulative Maßnahmen etwas erreichen kann. Denn hier befindet man sich erstmals – und das ist für Gesetzgeber sehr schwierig – in einem Bereich, wo die Frage geklärt werden muss, wie die Dinge anzugehen sind, ohne auf der einen Seite das Gewaltmonopol des Staates aufzugeben. Auf der anderen Seite muss aber anerkannt werden, dass der Staat in seiner traditionellen Vorstellung von Schutz von Bürgerrechten, von Datenschutz und anderen klassischen Aufgaben durch die Komplexität der digitalen Ökonomie wahrscheinlich überfordert ist. Umgekehrt zu sagen, die Industrie soll das alles regeln, ist eine kühne Vorstellung. Zumal aus der Industrie, was Selbstverpflichtungen angeht, stets heterogene Stimmen zu hören sind. Vor allem die Fragen, die sich für Unternehmer immer aufwerfen: Was hat das ganz konkret zur Folge? Hat es einen Markt? Hat es eine Attraktivität? Was sind wir da? Sind wir da Kostenfaktor oder ist es eine eigene wirtschaftliche Chance?

In den USA jedenfalls hat der Vorstoß der SEC dazu geführt, dass 80 % der Unternehmen cyber incidents, also durch Cyber-Angriffe entstandene Verluste, in ihren Bilanzen veröffentlichen. Das hat damit zu tun, dass die großen Wirtschaftsprüfungsgesellschaften heute beratend – auch aus Haftungsgründen – die CFO der Unternehmen darauf hinweisen: Ihr müsst das zwar nicht tun, aber das wirft sofort die Frage auf, warum das nicht gemacht wird, wenn es nicht gemacht wird. Es gibt übrigens auch Überlegung der

SEC, das verpflichtend zu machen. Eine information note im Übrigen, die aus einem Gesetz entstand, das im Kongress keine Mehrheit bekommen hat. Konkret wirft dieses Beispiel die Frage nach der Beschaffenheit der regulativen Rahmenbedingung auf. Die müssen ganz unterschiedlich diskutiert werden – sei es Informationsaustausch, sei es harte Regulierung, sei es aufsichtsrechtliche Fragestellung. Aber die Politik muss sich von der Vorstellung verabschieden, es gäbe monokausale Lösungsmodelle bzw. Wirkungsmodelle nach dem Motto „Wir machen dies und dann passiert das."

Anreizsysteme, Regularien und Standards

Bei den Maßnahmen, die ergriffen werden müssen, wird es wahrscheinlich auf ein sehr komplexes Bündel hinauslaufen, sei es beim Datenschutz, sei es regulativer Art, seien es Marktanreize. Die härtesten Marktanreize der Europäischen Union – und da pochen auch die Innenminister der Länder darauf – ist der Binnenmarkt und nicht die Zuständigkeit der Europäischen Union für Sicherheitsfragen. Und es ist absehbar, dass der neue digitale Kommissar Oettinger sehr viel mehr die Binnenmarktparagraphen nutzen wird, um die Frage nach der digitalen Sicherheit anzugehen. Daher wird es in den nächsten Jahren darauf ankommen, diese Diskussion, auch den akademischen Teil dieser Diskussionen, finanziell zu unterstützen. Ein Beispiel: Mit großer Mühe und auch mit relativem Unverständnis der Kommission der Mitgliedstaaten wurde das Thema „Standardisierung" komplett durch alle Programme ins Forschungsprogramm aufgenommen und auch parallel das Thema Sicherheit. Und wenn es um die Frage der Standardisierung und ISO-Normen geht, dann gibt es hier ein großes Problem. Denn es gibt derzeit überhaupt keine Bestandsaufnahme der vorhandenen Standards, die zu einem Katalog führen und aus denen man ableiten könnte, was die richtigen Maßnahmen sind und wie kann man sich entsprechend verhalten.

Die Cyber Security Standard Advisory Group der Europäischen Union hat den kühnen Versuch unternommen, überhaupt strategisch zu überlegen, was der Bestand ist und was man damit machen könnte. Überlegungen, die vollkommen vernachlässigt worden sind. Auch nicht alimentiert worden sind in der Vergangenheit, und da treffen zwei Welten aufeinander: die Gesetzgebung und Fachleute aus dem Bereich der Standardisierung. Die Standardisierung ist auch nicht die strategische Umsetzung dieser Fragestellungen, sondern ein sehr langsamer Prozess, der sich auf bestimmte Standards fokussiert, aber eben nicht das Ganze in einen Zusammenhang setzt. Das sind alles Dinge, die fehlen und die durch Mittel aus dem Forschungsrahmenprogramm in Zukunft allokiert werden müssen und in Eilmärschen, so das überhaupt möglich ist, nachgeholt werden müssen.

Generationenkonflikt

Die Europäische Union arbeitet also in vielen Bereichen an der Entwicklung von Lösungsansätzen, um das Thema IT-Sicherheit und Datenschutz greifbar zu machen und voranzubringen. Die Komplexität macht es notwendig, neue Wege zu gehen. Der Dialog mit den Gesetzgebern in den Vereinigten Staaten gehört natürlich dazu. Auch der Vertretungsanspruch der Politik wird dabei beleuchtet, wenngleich in diesem Lichte auch ein Problem zu Tage tritt: Der allgemeine und Jahrzehnte gültige Glaube der Politik, man könne alles, kann in diesem Bereich nicht aufrechterhalten werden. Denn hier stößt man in eine Dimension vor, wo Dinge regulativ, vielleicht über den Umweg der Aufsichtsbehörden, vorverlagert werden in die Industrie und bestenfalls ein grober regulativer Rahmen vorgegeben werden kann. Das sind aber Bereiche, die an grundsätzliche Demokratiefragen stoßen und die von einer nicht-digitalen Generation diskutiert werden. Die jüngeren Generationen müssen aber auch einbezogen werden, auch politisch. Man nehme die Piraten im Europäischen Parlament. Hier stellt man in Diskussionen mit jungen Menschen fest, dass sie den Diebstahl eines Fahrrads ächten und gerne härtere Strafen dafür hätten, während der Schutz von IP-Rechten, also Rechten am geistigen Eigentum, im Grunde genommen nur limitierende Faktoren sind für demokratische, partizipatorische Teilhabe. Es muss hier also eine Diskussion mit einer Generation geführt werden, die ganz grundsätzliche Rechtstaatlichkeitsfragen für sich ganz anders beantwortet. Und das ist eine Herausforderung, der sich die Politik in Eilmärschen stellen muss. Und da hat der Prozess erst begonnen.

Kontrolle über Technologien behalten

Bei allen Überlegungen zur Finanzierung, darf die Frage nicht vernachlässigt werden, inwieweit eine Abhängigkeit von nicht-deutschen also nicht-europäischen Technologien besteht. Braucht man einen Grundbestand, braucht man eigene Labs für sicherheitsrelevante Hardware? Das ist sehr schwierig zu beantworten. Versuche, diese Frage zu beantworten gibt es zum Beispiel im Rahmen des Dialogs mit den IT-Beauftragten der Bundesregierung, bzw. des BMI. Im Forschungsprogramm wurden 2,8 Milliarden Euro für Finanzierungsinstrumente bereitgestellt. Die Botschaft an die Bundesregierung ist, dass die Kommission bereit wäre, mit Mitgliedstaaten – mehreren oder einzelnen – die Frage der Risikofinanzierung vorzualimentieren. Das hätte den Vorteil, dass man damit auch einen gewissen Zugriff auf Verkaufsrechte hätte und nicht solche Fälle hätte wie beispielsweise beim Kanzlerinnen-Handy. Der Hersteller der Technologie, Secusmart, wurde im Sommer an Blackberry verkauft. Ein anderes Beispiel: RapidEye, jetzt unter dem Namen BlackBridge firmierend, besitzt die größte Datensammlung geostationärer Daten im nichtmilitärischen Bereich. Dort sind 100 Millionen Euro öffentliche Fördermittel hineingeflossen. In Brandenburg angesiedelt, sollten ein Geoinformations-

Dienstleister entstehen mit einer innovativen Technologie und genauen Geodaten. 2011 ist das Unternehmen durch einen Insolvenzverwalter an ein kanadisch-chinesisches Konsortium verkauft worden, für 9 Millionen Euro im Rahmen der Insolvenzverwertung. Eine der größten Datenbanken überhaupt. Versuchen, das national oder europäisch binden zu können, waren da starke Grenzen gesetzt.

Es muss also auch die Frage gestellt werden, wie sich so etwas verhindern lässt, das heißt, wie lässt sich die Abwanderung von Technologien, die im Aufbau zum Teil mit öffentlichen Geldern finanziert wurde, aufhalten und die Kontrolle über diese behalten. In Amerika wäre diese Frage anders beantwortet worden. Es gibt dort special interest funds – das gibt es hier nicht. Hier herrscht eine porfolio-mathematisch getriebene Investmentszene. Es gibt auch keinerlei Verknüpfungen zwischen staatlichen Sicherheitsinteressen, hoheitlichen Interessen, und der Finanzierung. Wer in Amerika als contractor für das Pentagon oder die homeland security arbeitet, unterliegt einer Gesetzgebung, die quasi Enteignungen vorsieht. Instrumente, die Europa überhaupt nicht zur Verfügung stehen, die auch für sich genommen fragwürdig sind, aber die zumindest diese Fragestellung reflektieren. Auch da wurde damit begonnen, Instrumente auszuprägen, den Versuch zu machen, diese Fragestellung zu beantworten.

Es gibt Grund zur Hoffnung

Bei all den Diskussionen, die zum Thema IT-Sicherheit geführt werden, muss man konstatieren, dass es Hoffnung gibt, dass Europa den Anschluss nicht verlieren und handlungsfähig bleiben wird. Es gibt auf unterschiedlichen politischen Ebenen Gespräche, und die Bundesregierung nimmt aktiv daran teil. Es ist natürlich schwierig für einen Beamten, die Allokationsmechanismen von Politik in diesem Bereich zu beurteilen. Aber für die Europäische Union kann man das. Die Vorstellung, dass die ENISA auf einer Insel im Mittelmeer in Griechenland angesiedelt war und jetzt als großen Erfolg zu verbuchen hat, dass zumindest der operative Teil, operativ im Sinne von „handelndem Teil", gerade mal nach Athen verlegt worden ist. Gleichzeitig sollen in dieser Agentur, die im Moment ein Budget von 11 Millionen Euro hat, alle europäischen Daten gesammelt werden. Dann ist natürlich die Frage erlaubt, ob die Allokationsmechanismen der Dimension des Problems in irgendeiner Weise entsprechen. Die Antwort ist relativ einfach: Nein.

Aber es wurden doch im europäischen Haushalt erste Versuche unternommen und das soll auch ein wenig Werbung für die EIT ICT Labs sein. 2,8 Milliarden Euro wurden für die EIT ICT Labs bereitgestellt, was ja begann als das erste virtuelle Pharaonengrab des 20. Jahrhunderts, denn Herr Baroso wollte ein EIT haben, aber wusste nicht so genau was und dann hat man ihm ein Konzept vorgeschlagen, das er für gut befand. So wurden Instrumente geschaffen, die einige dringende Fragen zumindest mal experimentell beantworten: Also wie bringt man Lehre, Gründung und Forschung zusammen? Da sind die ICT-Labs schon eine relativ exemplarische Möglichkeit. Und mit der Allokation von 2,8 Milliarden Euro, wobei die Hälfte dieses Geldes für die bestehenden Labs vorgesehen ist, ist potenziell die Frage der Mittel positiv beantwortet worden. Wir sehen es daher sehr gerne, dass das Thema ICT-Security im Rahmen dieses Versuchskindes EIT eine sehr viel stärkere Bedeutung hat und werden es auch fördern.

Abschlussdiskussion: ICT als europäische Infrastruktur

Die Frage, ist ICT eine europäische Infrastruktur, ist von der Bundesregierung mit Nein beantwortet worden vor dem Hintergrund einer ganz bestimmten Überlegung, nämlich der Sorge, die auch andere Mitgliedstaaten teilen, dass die europäische Kommission und Europa Zugriff nimmt auf die eigenstaatlichen Sicherungsstrukturen der Mitgliedsländer. Und das Heilsversprechen der europäischen Union, vertreten von einer ENISA auf Kreta, ist nicht unproblematisch. Die Frage, die man sich aber in Deutschland stellen muss ist ein Effekt der deutschen Energiepolitik, nämlich dass sukzessive alle großen Datencenter aus Deutschland und Europa rausgetrieben werden. Man sieht also, wo die Investitionen sind. Weil die Energiepreise in Deutschland so hoch sind, gibt es eine massive Tendenz, deutsche Datencenter ins europäische oder nicht europäische Ausland zu verlagern. Das sind strategische Fragestellungen von ganz erheblicher Bedeutung, die man nur im europäischen Rahmen lösen kann, indem man zumindest eine gemeinsame Datenschutzrichtlinie hat, sich aber auch überlegt, was es bedeutet, eine gemeinsame europäische Infrastruktur zu haben. Es hat kein einziges Mitgliedsland mehr eine eigenständige Infrastruktur, sie ist europaweit verteilt und tendenziell geht sie aus Europa raus. Wenn man sich Norwegen zum Beispiel anschaut, ein Land im erweiterten Europa, wo die meisten Datenzentren hin verlagert werden, weil dort schlicht und einfach die niedrigsten Energiepreise in Europa vorherrschen, auch wenn das subventioniert ist. Aber das wichtigste in diesem Zusammenhang ist, dass eine Diskussionen darüber, wie man an diesem Trend etwas ändern kann, fehlt.

Digitalisierung sicher gestalten: Sicherheit beurteilen und Technologien gestalten

4

Prof. Dr. Claudia Eckert

Fraunhofer AISEC/TU München

Zusammenfassung

Die starke Durchdringung aller Bereiche, der Wirtschaft und der Gesellschaft gleichermaßen, mit Informationstechnik ist mittlerweile Konsens. Dass es mit großen Umwälzungen wie dem Wegfall von Unternehmensgrenzen einhergeht, stellt die Unternehmen vor große Herausforderungen. Der Weg in ein sicheres digitales Zeitalter ist nur dann frei, wenn es gelingt, Sicherheit beherrschbar zu machen, sie zu beurteilen und Schlüsseltechnologien zu gestalten.

„Digitalisierung sicher gestalten" – ist sicherlich ein Titel, der viel Spielraum lässt für unterschiedliche Maßnahmen und Vorgehensweisen. Im Folgenden sollen zwei Aspekte beleuchtet werden, die möglich und erfolgversprechend sind, da es bereits eine solide Basis dafür gibt – wenngleich noch einiges zu tun ist. Aus der Sicht der Sicherheitsforschung stehen die Chancen jedoch gut.

Beide Aspekte „Sicherheit beurteilen" und „Technologien gestalten" sind eng miteinander verknüpft. Denn wenn man etwas gestalten möchte, muss man sich darüber im Klaren sein, welche Sicherheitsqualität haben bereits die Komponenten, die Teile, die in die gestalterischen Prozesse integriert werden sollen. Man muss aber auch in der Lage sein, vorauszudenken, um die nächsten Angriffswellen antizipieren zu können. Es muss die Kompetenz vorhanden sein, um Sicherheit wirklich analysieren und testen zu können. Und man muss Schlüsseltechnologien beherrschen, man muss in der Lage sein, diese zu bauen und einzusetzen. Und zuletzt muss man Technologie beherrschen können, aber Technologie sollte nicht als Technologie verkauft werden, sondern sie soll im Kontext der Funktionalität angeboten werden. Diese Denkweise wird zum Teil noch nicht so richtig gut gelebt.

© Springer Fachmedien Wiesbaden 2015   21
U. Bub, V. Deleski, K.-D. Wolfenstetter (Hrsg.), *Sicherheit im Wandel von Technologien und Märkten*, DOI 10.1007/978-3-658-11274-5_4

Die Alldurchdringung von Informations- und Kommunikationstechnik in andere Branchen hinein, in die Industrie, in die Produktionsanlagen, das Wegfallen von unternehmerischen Grenzen und damit auch der Wegfall von organisatorischen Isolationskonzepten, bergen ganz neuen Herausforderungen. Und natürlich geht es immer um Daten – um die Vielzahl von Daten. Big Data ist ja ein viel benutztes Buzzword, wenn es um Daten geht, das in allen Definitionen über die drei „V" beschrieben wird: Volume, Variety, Velocity. Variety, also die Varianz der Daten, besagt, dass es um heterogene, unstrukturierte Daten aus den Produktionsprozessen, aus den Wartungsprozessen, aus den Logistikabläufen etc. geht. Alles Daten, die um ein Produkt herum angesammelt werden, die zusammengeführt werden und dann in Echtzeit – und dafür steht ein anderes „V", Velocity – ausgewertet werden. In Echtzeit wird versucht aus einer Flut von Daten mehrwertige Informationen herauszuziehen, um damit wieder Mehrwertdienste anzubieten, um sie dann zur Verfügung zu stellen. In dem Zusammenhang hört man häufiger den Spruch: "Who owns the Data wins the war". Das heißt, man muss ganz genau hinschauen, wer eigentlich heutzutage die Daten besitzt und ob der Spruch überhaupt seine Berechtigung verdient.

Kontrolle über Daten gewinnen

Was die Kontrolle der Daten angeht, die im Internet generiert werden, so ist die Lage klar: Die großen Player wie Google und Facebook kontrollieren einen Großteil dieser Daten. Wie steht es jedoch um die Daten in den eher klassischen Industrien, der Automobilindustrie, dem Maschinenbau, der Automatisierungsindustrie, dem Produktionsanlagenbau? Hier dringt natürlich auch Google hinein durch entsprechende Firmenaufkäufe. Aber eigentlich besteht hier noch eine erhebliche Chance, die Daten die dort anfallen, die dort tatsächlich mehrwertig sein können, nach vorne zu bringen. Das heißt: hier ergäbe sich eine Chance, wenn man diese Daten in den Griff bekäme. Dabei müsste man nicht nur darauf achten, dass man die Daten besitzt und in irgendeiner Weise verarbeitet. Man muss sie auch kontrollieren können. Man muss in der Lage sein, die Daten zu beschützen, sie gezielt denen weitergeben zu können, denen man sie weitergeben möchte. Es muss zudem dafür gesorgt werden, dass keine Datenlecks auftreten, damit hier tatsächlich eine Beherrschbarkeit der Dinge vorliegt. Das ist mit „Digitalisierung sicher gestalten" gemeint.

Sicherheit beurteilen

Um die Digitalisierung sicher zu gestalten, werden unterschiedliche Fähigkeiten benötigt. Eine davon ist die Beurteilungsfähigkeit. Die Beurteilung von Sicherheit ist ein riesiges Betätigungsfeld. Forschungseinrichtungen wie das Fraunhofer AISEC machen das in den Gebieten, in denen sie ausgewiesene Kompetenz aufweisen. Was aber dringend benötig wird, ist eine Art durchgehende Chain, in der von der Hardware über die eingebettete Software, die Betriebssoftware, in die Vernetzung hinein, bis hin in die offenen Plattform hinein, das gesamte System abgedeckt wird, um es in den Griff zu bekommen, zu testen und zu analysieren. Das ist eine Forderung und ein Ziel, das man engagiert verfolgen sollte, wenn man nicht zu weit hinter den Aktivitäten und dem enormen Mitteleinsatz anderer Länder zurückbleiben will, wie das beispielsweise beim Vergleich mit den der Idaho Labs in den USA ist. Auch Deutschland benötigt große Labore, in denen nicht nur an einzelnen Komponenten gearbeitet wird, sondern systemisch große Zusammenhänge untersucht werden. Das fehlt in Deutschland noch. Davon losgelöst wird dringend herausragende Kompetenz gebraucht, um in den verschiedenen Themenbereichen vorne mitzuwirken, das heißt nicht hinterherzulaufen und eine Angriffstechnik nachzuprogrammieren und zu schauen, wie der Angriff letztendlich funktioniert hat. Vielmehr muss man in der Lage sein und die Kompetenz haben, tatsächlich neue Analysetechniken selbst zu entwickeln. So kann man frühzeitig ableiten, welche Gegenmaßnahmen ergriffen werden müssen, um hier das Hase-Igel-Spiel zu gewinnen. Um das zu erreichen, muss man bei der Hardware beginnen. Daran arbeiten viele Labs in Deutschland, auch das Fraunhofer AISEC, das sehr gut aufgestellt ist, dedizierte Analysen durchzuführen, zahlreiche Patentanmeldungen hat und Weltspitze bei den Veröffentlichungen ist. Aber diese Expertise muss in einer größeren Kette zusammengeführt werden. Die Labs in Deutschland sind zu stark verstreut, sie müssen stärker zusammenwirken.

Innovative Analysemethoden

Bis die Zusammenführung und ein gesamtheitliches Handeln in Gang kommen, bleibt die Entwicklung von innovativen Analysemethoden den einzelnen Kompetenzzentren, den Labs vorbehalten. Dabei wird hier mit viel Know-how und zu Teil mit viel Kreativität geforscht. Gerade im Hardware-Bereich entstehen neue Methoden und Ansätze, die in absehbarer Zukunft wahrscheinlich zum gängigen Repertoire gehören werden, derzeit aber einen Vorteil, einen Vorsprung darstellen. So lässt sich zum Beispiel auf der Ebene der elektromagnetischen Abstrahlung, nicht nur mit einer Sonde arbeiten, sondern mit mehreren verschiedenen Sonden, um Zusammenhänge erkennen zu können. So lässt sich dann im nächsten Schritt durch gezielte Fehlerinjektion ein Einblick in die elektrischen Schaltungen gewinnen. Ist die Stelle identifiziert, in der etwas passiert, kann man mit einem optischen Laser gezielt analysieren und das Verhalten der Schaltung beobachten. Und wenn man dann noch mehrere Laser gemeinsam koordiniert, dann kann man sogar Abhängigkeiten untereinander ausnutzen und dann ganz gezielte Fehler hervorrufen und ganz neue Angriffe auf Chipsätze fahren. Das ist die Basis für Überlegungen, wie man gegen solche Angriffe vorgehen könnte. Es ist wichtig, in diesem Bereich vorzudenken und frühzeitig Wissen aufzubauen, das bei der Absicherung der Hardware unverzichtbar ist. Im Hardwarebereich muss man methodisch vorne dabei sein.

Methodisch muss man natürlich auch auf den anderen Ebenen zumindest mithalten können, aber eigentlich versuchen, besser zu sein. Ein Bereich ist die riesige Welt der mobilen Apps. Auch hier stellt sich immer die Frage nach der Sicherheit der Anwendungen. Um diese Sicherheit zu bewerten, braucht es Analysetools. Davon gibt es einige kommerzielle und nichtkommerzielle. Eines davon ist App-Ray aus dem Hause Fraunhofer AISEC. Es ist ein Instrument, eine Software, die automatisiert analysiert und verrät, was die App eigentlich tut, welche Daten werden von einer App genutzt, wohin wandert diese Information, die die App abgreift. Kann man das kontrollieren? Und wenn man dann weiß, was da passiert, dann wäre der nächste Schritt die Frage, ob es möglich ist, vollautomatisch an gewissen neuralgischen Stellen diese App zu härten. Der Ansatz ist, erstmal zu verstehen, genauestens zu analysieren. Dabei werden klassische und weiterführende Datenfluss-, Kontrollfluss- und Informationsflussanalysen umgesetzt, um zu verstehen, welche Daten abgegriffen werden. Die Daten werden digital markiert, sodass man bei einer emulierten App-Ausführung verfolgen kann, was dort genau passiert, welches Datum wandert wohin. Zudem möchte man nicht nur wissen, auf was für Daten eine App auf dem Endgerät zugreift, sondern auch die Daten identifizieren, die die App selbst mitbringt und welche sie auf dem Gerät abspeichert. Weisen diese Daten Schwachstellen auf, ist auch das Gerät angreifbar und die dort gespeicherten Daten sind gefährdet. Das sind Dinge, die man durch verschiedene Techniken, wenn man sie beherrscht, wenn man sie zusammenführt in einem Framework, in den Griff bekommen kann. Man kann sie automatisch instrumentieren. Das muss man nicht händisch machen. Im Anschluss kann man die Dinge abhärten und sicherer machen. Wissenschaftler des AISEC haben Tausende von Apps analysiert und viel dabei über die Apps gelernt. Das Ergebnis ist, man kann solche Frameworks bauen, die einfach nutzbar sind, um einfach gute Aussagen automatisiert zu bekommen. Es lassen sich bereits jetzt schon sehr gut Analysen durchführen.

Technologie beherrschen und gestalten

Die Beherrschung der Analysemethoden ist ebenso wichtig wie die Beherrschung der Technologie. Gerade bei dem Transformationsprozess im Zuge von Industrie 4.0 werden Technologien benötigt, die diesen Prozess unterstützen. Was sind hier also vernünftige und innovative Technologien? Ein Beispiel ist die steigende Mobilität und der Einzug von mobilen Endgeräten in die Unternehmen. Diese kommen sowohl im Automobilumfeld mit den head units vor, wo unterschiedliche Daten über Aufenthaltsorte, Fahrgewohnheiten etc. zusammenlaufen. Oder im Produktionsumfeld, wo unterschiedlichste mobile Geräte im Einsatz sind, um Anlagen zu steuern. Dort laufen Daten über Produktionsabläufe zusammen. Da werden aber auch die Benutzerprofile der Servicetechniker erfasst. Das ist eine große Herausforderung an die Security, wenn es darum geht, diese Daten zu schützen und Datenlecks zu verhindern. Für diese unterschiedlichen Anwendungsszenarien für mobile eingebettete Systeme wäre eine Lösung sinnvoll, die nicht nur für ein spezielles Gerät eines speziellen Herstellers gilt, das heißt, die sich nicht nach der Technologie richtet, sondern nach der Fragestellung, wie sich die Daten, ganz gleich welches Gerät im Einsatz ist, schützen lassen. Es ist noch eine Vision, die natürlich einen technologischen Kern benötigt, ohne den es ja nicht geht. Man braucht also eine Technologie, die beherrschbar ist, die man bauen kann, die aber flexibel einsetzbar ist. Das ist die Vision.

Eine Technologie, die bereits verfügbar ist, an der vor allem am Fraunhofer AISEC fleißig geforscht wird, ist ein erweiterter Android-Kernel, der gewisse Funktionalitäten zur Verfügung stellt, genauer Isolierungskonzepte auf der Basis dessen, was Linux derzeit an Gestaltungsmöglichkeiten bietet. Hier geht es um Anwendungsszenarien, die die Nutzbarkeit eines solchen Basiskonzeptes hervorheben heben sollen. Die Grundlage bildet ein modifizierter Kernel, den man dann auf die Geräte portieren kann. Dort kann ein sicheres Element, ein sicherer Speicher, über die verschiedensten Arten und Weisen eingebunden werden. Entweder kann das Gerät, auf dem der Kernel portiert ist, NFC-fähig sein oder über Bluetooth-Möglichkeit verfügen. Dann könnte man auch flexibel über eine Smart Card in der Hosentasche mit dem Gerät kommunizieren. Die Einbindung von sicheren Speichern ist aus technologischer Sicht beherrschbar.

Bring Your Own Context

Wenn man erst einmal die Technologie beherrscht, dann geht es einen Schritt weiter. Ist der modifizierte Kernel portiert, lässt sich sichere Kommunikation aufbauen, es lassen sich Container einrichten, die ganz dedizierte Dinge tun. Und es soll natürlich remote gemanagt werden. Die Idee ist, dass man eben solche Konzepte hat, solche Kernel baut mit all den individuellen Containerkonzepten, um ganz unterschiedliche Nutzungsszenarien damit abzubilden. Das Ziel ist, die persönlichen Arbeitskontexte und individualisierten Kontexte sicher zu managen. Es soll ein recovery gemacht werden können, auf Knopfdruck sollen die Kontexte dort verfügbar sein, wo sie gebraucht werden, um dort weiterzumachen, wo zuletzt aufgehört wurde. Und das alles natürlich stets gesichert, geschützt und kontrolliert. Es geht also weg vom speziellen device hin zu context, oder – um die Buzzwords zu bemühen – weg vom „Bring Your Own Device" hin zu „Bring Your Own Context".

Dieses Modell geht über die Verfügbarkeit des Kontexts auf dem eigenen Gerät hinaus. Es sieht vor, dass ein mobiles Gerät von vielen genutzt werden kann: zum Beispiel beim Car Sharing könnte so etwas gemacht werden und dann wird der jeweils individuelle Kontext auf das Gerät gebracht. Oder eine digitale Identität, die mal auf ein Tablet, mal auf die Head Unit im Auto geladen wird – eben so, wie es der Nutzer gerade möchte. Ein Stück vollkommene Flexibilität. Aus Security-Sicht soll bei diesem Modell eben nicht primär das Gerät geschützt werden, sondern die Daten des Nutzers bzw. seine Nutzerumgebung. Das ist ja in erster Linie das, was den Nutzer umtreibt. Die Anwendungsszenarien lassen sich natürlich auch auf die Geschäftswelt übertragen. Es wird eine digitale Identität eingerichtet und durch einen Identitätsmanagement-Prozess bestätigt, um anschließend die individuelle Arbeitsumgebung einrichten zu lassen von einem Provider, der nicht nur die Aufgabe hat, Identities zu managen, sondern ganze Kontexte verwaltet und sichert. Diese Umgebung wird dann über einen sicheren Kanal auf das Gerät gespielt und synchronisiert, das der Nutzer, zum Beispiel der Arbeitnehmer gerade verwendet. Das heißt, alle Aktionen werden immer ins Backend zurückgespielt auf sicherem Wege. Wenn also Fälle eintreten wie eine defekte Batterie oder ein anderer Geräteschaden, dann gibt es immer die Möglichkeit, auf einem anderen Gerät weiterzumachen. Der Einsatz im Produktionsumfeld wäre ebenfalls vorstellbar, wo man die verschiedensten Gerätschaften im Feld hat, wo vielleicht Servicetechniker gemeinsam auf irgendwelchen Geräten aufgrund von Schichtwechseln weiterarbeiten wollen – jeder hat aber seine eigene Arbeitsumgebung und bringt sie mit. Auch das ließe sich mit so einem personalisierten, geschützten Kontext-management – Bring You Own Context – in den Griff bekommen. Basis ist dann immer: auf jedem dieser Geräte ist der gepatchte Kernel installiert und dann entfaltet sich eben einen flexible Welt.

Servicegedanke vor Technologieverliebtheit

Wenn man Digitalisierung gestalten möchte, muss man erstmal Beurteilungsfähigkeit herstellen. Es müssen Analysemethoden und die Tools dafür vorangebracht werden. Deutschland ist hier an vielen Stellen schon sehr gut aufgestellt. Allerdings besteht noch großer Verbesserungsbedarf bei der Verbindung des Ganzen zu einem ganzheitlichen Ansatz. Das heißt, dass nicht nur die kleinen einzelnen Kompetenzzentren für sich forschen und Lösungen erarbeiten, sondern dass größere Labs aufgebaut werden, wo alles zusammenkommt. Man braucht die Technologie, die man beherrschen muss, die man bauen können muss. Aber man darf sich jedoch nicht zu sehr auf diese fokussieren, sondern weiter fragen, welche Möglichkeiten sich damit eröffnen. Das ist der konsequente nächste Schritt. Wenn das Verkaufsargument nicht mehr die Sicherheit des Geräts ist, sondern die sichere Arbeitsumgebung oder die Funktionalität generell, dann könnte das ein viel größerer Mehrwert sein als zu sagen, die Technologie sei super. Man muss sich stärker in die Service-Welt hineindenken, andere Firmen aus anderem Kontext sind da schon viel weiter. Also, nicht nur besitzen, sondern auch kontrollieren. Und Funktionalität ist das, was zählt – wobei die Technologie auch wichtig ist.

Aus dem smarten Leben gegriffen 5

Dr. Jan Pelzl

ESCRYPT GmbH – Embedded Security

Zusammenfassung

In den letzten Jahren ist das öffentliche Bewusstsein für Sicherheitsthemen, also für IT-Sicherheit stark gewachsen – zumindest spürt man das als jemand, der in dieser Branche aktiv ist an den Gesprächen, die sich auch privat um das Thema drehen. Wenn die Öffentlichkeit nun sich mehr für dieses Thema interessiert und auch danach fragt, dann muss man auch die Frage klären, wie man gute Security anbieten kann und wie man diese in das Lebensumfeld des einzelnen bringt.

So wie man bei der Entwicklung einer Organisation über deren Reifegrad nachdenken muss, so muss es bei Produkten und Dienstleistungen natürlich auch sein. Erst recht bei Security. Die Frage also, wie lässt sich sicherstellen, dass Security oder Entwicklungen in der Security eine hohe Güte haben. Eine Teilantwort ist: man muss nachweisen können, dass man Security, wenn man sie umsetzt, auch ganzheitlich macht und an viele Aspekte denkt. Als Unternehmen aus der Security-Branche ist das besonders wichtig, denn sollte es um die Frage der Produkthaftung gehen, dann muss der Nachweis erbracht werden, dass das Produkt State of the Art ist. Daher hat die Industrie schon eine gewisse Kraft, das Thema Security selbst zu lösen, ohne sagen zu wollen, dass überhaupt keine Regulierung notwendig ist, aber viele Dinge regulieren sich dadurch, dass man als Unternehmen Lösungen anbieten möchte, die Bestand haben, die nachhaltig sind und wo man nachweisen kann: Ja wir haben wirklich an alles gedacht, bzw. versucht an alles zu denken. Es gibt keine hundertprozentige Sicherheit, das ist allen klar. Aber man kann einiges tun im Entwicklungsprozess und im Gesamtkonzept, um sicherzustellen, dass es

© Springer Fachmedien Wiesbaden 2015 27
U. Bub, V. Deleski, K.-D. Wolfenstetter (Hrsg.), *Sicherheit im Wandel von Technologien und Märkten,* DOI 10.1007/978-3-658-11274-5_5

funktioniert. Und insbesondere bei großen Konzernen ist das oft auch der Fall, ob das jetzt Bosch, Siemens oder andere sind. Da achtet man darauf, dass solche Strukturen und Prozesse auch vernünftig umgesetzt werden.

Die Security in unserem Leben

Von den großen Unternehmensprozessen zurück in den Alltag und zur Betrachtung der Frage, wie Security in den Alltag Einzug hält. Das lässt sich an einer Person beispielhaft illustrieren, die in einer „schlauen" Umgebung agiert. Sie steht morgens auf, das schlaue Haus weckt sie morgens zur definierten Uhrzeit, die Rollläden gehen automatisch hoch, die Kaffeemaschine springt automatisch an, das Heißwasser wurde schon eine Stunde vorher eingestellt, die Fußbodenheizung ist auch entsprechend vorbereitet. Die Person trinkt einen Kaffee, zieht ihre smarte Jacke an, die jederzeit, sekundenaktuell Pulsschlag und sonstige vitale Daten verrät. Sie geht laufen, danach duscht sie, setzt sich ins Auto, wird sicher zum Arbeitsplatz geleitet, um alle Verkehrsunfälle und andere Probleme herum und kann dann quasi ganz entspannt mit der Arbeit beginnen. Das ist ja ein bisschen die Vision, wenn über Smart Home die Rede ist. Alles schön und gut, ist auch zu begrüßen – allerdings unter der Voraussetzung, dass das ganze auch vernünftig funktioniert.

Die Voraussetzung heißt in diesem Fall Beherrschbarkeit der Komplexität und auch der Sicherheit. Während die Komplexität der Technologien schon eine wichtige Frage im Sinne der Funktionalität und der Verlässlichkeit ist, ist die Security ein noch wichtigerer Aspekt, vor allem wenn es um das eigene Zuhause geht. Das heißt, die Frage, ob die Geräte vertrauenswürdig sind, mit denen man sich umgibt. Also auch die smarte Jacke, die den Pulsschlag misst. Wem außer dem Träger verrät sie noch die erhobenen Daten? Kann die Funktionalität der Geräte manipuliert werden? Wie hoch sind Risiken für Ausfall und Manipulation? Das sind ganz zentrale Fragen. Da denkt man gleich an das Buch „Black Out" von Marc Elsberg. Dort wird sicherlich ein extremes Szenario geschildert, das aber gar nicht so weit weg ist von der Realität. Dazu kommen noch die Fragen nach dem Datenschutz, das heißt, welche Daten erhoben werden und wer sie bekommt, ob sie vertraulich sind und verändert werden können, wann sie wieder gelöscht werden und ob es einen Nachweis über die Zugriffe gibt. Das heißt, wenn man das alles vernünftig beantworten kann, dann ist so ein Smart Home sicher wünschenswert. Andernfalls sind Zweifel mehr als angebracht.

Das Internet der Dinge

Das Internet der Dinge ist ein Begriff, der schon mit vielen Synonymen umschrieben worden ist, sei es „intelligent systems", sei es „embedded systems" oder „pervasive computing". Entscheidend ist, was dahinter steckt. Ein wesentlicher Fakt ist, dass es in sehr naher Zukunft so viele Geräte im Netz sein werden, wie es Menschen auf der Welt gibt. Es gibt Schätzungen, die besagen, dass bis zum Jahr 2017 90 Millionen Menschen in Smart Homes leben werden, dass ein Großteil der Autos mit dem Internet verbunden sein wird. Die Tendenz ist also klar. Und sie bedeutet natürlich Veränderung und vor allem neue Anforderungen. Das heißt, dass neue Kompetenzen gebraucht werden: Software- und Systemkompetenzen. Neue Technologien treten auf, nicht nur im Security-Bereich. Es eröffnen sich neue Marktsegmente, aber auch neue Geschäftsmodelle. Es ist natürlich eine Riesenchance, neue Geschäftsmodelle zu etablieren und auch mit Security Geld zu verdienen. Wenn nicht die Bedrohungen wären, das heißt man muss sich auch entsprechend absichern. Und in vielen Domänen des Lebens fehlt die Security, das zeigen nicht zuletzt die vielen Meldungen darüber in den Medien. Es gab eine Reihe von Angriffen auf industrielle Systeme, auf Heizungsanlagen und Wasserwerke und vieles mehr. Zwar sind die Angriffe häufig akademisch getrieben, das heißt, Projektgruppen an Universitäten und Forschungseinrichtungen führen diese durch. Aber sie machen deutlich, dass man Systeme, die sich im Internet befinden, systematisch angreifen kann. Und das muss man natürlich als Hersteller berücksichtigen.

Angriffe auf Fahrzeuge

Ein Thema, das besonders unter Beobachtung steht, ist die Sicherheit im Automotive-Bereich, da escrypt hier traditionell stark vertreten ist, da es zu den Kernkompetenzen des Unternehmens gehört. Auch in diesem Bereich, wie bei den genannten Angriffen auf Industrieanlagen gibt es viele akademische Angriffe, also Angriffe, die im Prinzip von Universitäten vorgestellt wurden, um einfach die Machbarkeit aufzuzeigen. Viele davon sind relative trivial. Das heißt, man klinkt sich mit dem Notebook in den CAN-Bus ein, das ist das wesentliche Bus-System im Fahrzeug. Und dann kann man dort alles tun und lassen: von der Vollbremsung bis zum Gas geben, bis zur Manipulation der Anzeigen. Die große Gefahr liegt in der zunehmenden Zahl an Schnittstellen nach außen, sei es durch den Multimedia-Player im Fahrzeug oder durch 3Plus-Schnittstellen. Wenn diese Schnittstellen nicht entsprechend abgesichert sind, so besteht die Möglichkeit, darüber auf den CAN-Bus aufzusetzen. Diese Gefahr möchte man als Autohersteller um jeden Preis vermeiden. Gerade da muss angesetzt werden, um mit einer ganzheitlichen Sicherheitsanalyse über verschiedene Entwicklungsmethoden hinweg solche Angriffe komplett auszuschließen.

Gerade im Automotive-Bereich gibt es den Fall, dass sich der Markt selbst reguliert, da man es hier mit einem sehr sensiblen Thema zu tun hat, nämlich der Sicherheit von Menschen. Bei Angriffsvorfällen bekannter Hersteller wird es direkt ein Problem geben mit dem Absatz und das treibt die Investitionen in die IT-Sicherheit, damit so was erst gar nicht passiert. Und es wird auch kräftig investiert. Mittlerweile ist es so, dass die Autohersteller sich der Gefahr bewusst sind und alles daran setzen, ihr entgegenzuwirken. Das Ganze lässt sich auch übertragen auf andere Bereiche – zum Beispiel Flugobjekte. Hier gibt es zahlreiche Möglichkeiten, entsprechende Gerätschaften zu manipulieren. Es gibt Beispiele, dass Drohnen durch Störung des GPS-Signals, durch das Vorspielen eines falschen GPS-Signals, zur Landung gezwungen werden können. Man kann das mit relativ geringem finanziellem Aufwand tun.

Angriffe auf Automatisierungsanlagen

Die Risikoszenarien beschränken sich nicht nur auf die Automotive-Branche, sondern ziehen sich durch fast alle Bereiche des technischen Lebens. Und da muss man gar nicht in die komplexe Welt des Automobil- oder Flugzeugbaus eintauchen. Selbst kleine, technologisch nicht so komplexe Lichtanlagen lassen sich angreifen. Da sind jetzt nicht direkt Menschenleben betroffen, aber es geht darum zu zeigen, dass überall, wo Technik drin ist, auch Angriffe auf diese Technik möglich sind. Das wurde an einem Angriff auf Glühbirnen bzw. ein Lichtsystem mal aufgezeigt. Diese wurden mit einem nicht autorisierten Gerät manipuliert. Es ging dabei um ein Steuerungsmodul mit drei Lampen, die man mit seiner App steuern kann – und das eben auch unautorisiert. Es ist mittlerweile Status quo, dass ein namhafter Hersteller ein Produkt auf den Markt bringt und dieses Produkt irgendwie manipulierbar ist.

Und das lässt sich natürlich weiter ausdehnen. Wie ist es denn heutzutage mit Gebäudeautomatisierung? In dem Bereich sind nach aktuellem Wissensstand noch keine Security-Standards vorhanden – wobei man von Standards ohnehin noch weit entfernt ist. Aber selbst die Umsetzung der Produkte lässt Zweifel aufkommen, ob es da nicht doch die Möglichkeit gibt, sich rein zu hacken und im großen Stil Missbrauch zu betreiben. Auch Heizungsanlagen wurden in der Vergangenheit angegriffen. Dabei haben Untersuchung von Sicherheitsforschern gezeigt, dass es für den Einzelnen gar nicht so einfach ist – auch nicht mit Fachwissen – die Anlage im Keller gegen Angriffe abzusichern. Währenddessen wird in den Medien berichtet, dass entsprechende Anlagen ungeschützt im Internet hängen und dort Schwachstellen präsentieren, die man relativ einfach ausnutzen kann. Technisch gesehen ähneln sich die Probleme und zeigen einen ganz bestimmten Sachverhalt. Dass nämlich Unternehmen, die nicht aus dem Security-Bereich kommen, diese Thematik gar nicht hinreichend abdecken und Schnittstellen öffnen bzw. offen lassen. Natürlich tut man diesen Unternehmen Unrecht, wenn man sie gleich an den Pranger stellt. Denn für sie bedeutet das auch eine enorme Veränderung und vor allem Herausforderung. Wenn man aus dem Bereich der Schließsysteme kommt und sich mit der Anforderung konfrontiert sieht, auf einmal alles elektronisch mit RFID machen zu müssen, dann ist das zunächst eine große Umstellung und das Security-Fachwissen vielleicht noch gar nicht aufgebaut. Und dann kommen noch die Security-Leute und sagen „Ist das denn alles auch sicher, was ihr da macht mit euren Schließberechtigungen und euren RFID-tags?" Dann ist ein komplettes Umdenken notwendig, was in einem mittelgroßen Unternehmen schon gar nicht so trivial ist. Dennoch sollte man jetzt die Gelegenheit nutzen, bei zunehmender Automatisierung, sich genau anzuschauen, wie sich Schutz vor Angriffen realisieren lässt.

Angriffe auf Medizingeräte

Ein weiterer Bereich sind die Medizingeräte. Hier eröffnen sich durch die Digitalisierung zunächst Chancen und Möglichkeiten zur Effizienzsteigerung wie zum Beispiel die Fernüberwachung von Insulinpumpen und Herzschrittmachern. Aber wo Licht, da auch Schatten, sodass die Vernetzung solcher Geräte auch gewisse Risiken birgt. Da wird es sicherlich auch in nächster Zeit akademische Angriffe geben. Kritisch wird es bei den Geräten, die sich direkt auf die Gesundheit einzelner Personen auswirken können. Es geht auch um Krankenakten, um das Krankenhausnetz als Ganzes und die einzeln angebundenen Geräte im Speziellen. Es wird also in Zukunft darum gehen, im Krankenhausbetrieb entsprechende Security-Mechanismen zu verwenden, wo man so was wie sicheres logging hat, damit man nachweisen kann als Hersteller, dass das Gerät nicht schuld an irgendeinem Vorfall war, sondern es war die Bedienung.

Was können Hersteller tun?

Die geschilderten Szenarien klingen zunächst einmal sehr dramatisch und es stellt sich die Frage: Was können Hersteller tun? Im Prinzip ist es sehr einfach, denn es ist ja eigentlich alles schon da. Es gibt bereits unheimlich viele leistungsfähige Security-Technologien. Die Frage ist eher, wie schafft man es, einen ganzheitlichen Ansatz zu verfolgen, um die Security vernünftig zu definieren. Das ist etwas, um das man nicht herumkommt. Denn es reicht nicht, einfach nur Verschlüsselung und Signatur auf dem Gerät zu installieren. Man muss sich eigentlich überlegen, welcher Schutzbedarf besteht und welches Sicherheitsniveau soll erreicht werden. Und das erfährt man, indem man eine Risikoanalyse für den entsprechenden Anwendungsfall macht. Und wenn man das hat, kann man das anhand seines ganzheitlichen Ansatzes und der darin enthaltenen Stufen, überprüfen. Also was muss organisatorisch und von den Prozessen her geschehen? Das geht runter bis zum Entwicklungsprozess der Software eines Produktes. Ist so etwas wie secure coding realisiert? Werden also solche Schwachstellen vermieden, wie es zuletzt bei dem Heartbleed herausgekommen ist? Dann geht es weiter ins Systemdesign, logische Sicherheit, bis hin zu Hardware-Sicherheit, das heißt, wie lässt sich im Gerät durch einen zusätzlichen Sicherheitsanker entsprechende Sicherheit herstellen. Und ganz zum Schluss geht es darum, mit diesen Maßnahmen und Lösungen Vertrauen in das Produkt zu erzeugen.

Das sieht auf den ersten Blick linear und statisch aus und erweckt den Eindruck, einfach zu sein, wenn man nur die einzelnen Schritte korrekt durchführt. Doch das Gegenteil ist der Fall. Es ist nicht statisch und das bringt Schwierigkeiten und eventuelle Probleme mit sich. Das Ganze ist nämlich extrem dynamisch. Im Grunde müsste man sich jedes Jahr oder besser sogar noch, zweimal im Jahr oder noch öfter, den ganzen Zyklus anschauen und die Sicherheit neu bewerten. Das heißt, ist ein gewisses Sicherheitsniveau zu einem gewissen Zeitpunkt einmal etabliert, heißt es nicht, dass dieses im nächsten Jahr immer noch aktuell ist und die gewünschte Sicherheit bietet. Das bedeutet, hier müssen gegebenenfalls Anpassungen vorgenommen werden. Und das muss auch irgendwo beim Systemdesign mit berücksichtigt werden. Also so etwas wie sicheres Software-Update.

Es gibt also eine Reihe neuer Sicherheitsanforderungen an die „Dinge". Aber nur mit guten IT-Sicherheitsmaßnahmen kann man den Gefahren, die durch die zunehmende Digitalisierung und Vernetzung entstehen, entgegentreten. Vieles lässt sich technisch bereits heute realisieren, aber es ist ein ganzheitlicher Ansatz notwendig, der die Bereiche Organisation, Logik, Hardware und Software abdeckt. Nur, wenn man diesen Ansatz vernünftig umsetzt, kann IT-Sicherheit als enabler für Geschäftsmodelle fungieren. Das bietet Chancen für Produkthersteller und Security-Anbieter und schafft Vertrauen in der Öffentlichkeit.

Zertifizierung von IT-Sicherheit

6

Bernd Kowalski

Bundesamt für Sicherheit in der Informationstechnik BSI

Zusammenfassung

Die Zertifizierung bekommt eine immer größere Bedeutung. Der Grund dafür ist, dass Wirtschaft und Gesellschaft immer stärker von der Sicherheit von IT-Systemen abhängen. Auch das Thema Vertrauenswürdigkeit spielt eine immer größere Rolle. Vertrauenswürdigkeit geht noch ein Stück weiter als IT-Sicherheit an sich. Weil Vertrauenswürdigkeit heißt, dass man auch wirklich glaubt, was an Sicherheitseigenschaften in einem Produkt ist und dass dort tatsächlich eine Prüfung stattgefunden hat.

Zertifizierung heißt ja, dass eine definierte Liste an Kriterien und Anforderungen, nämlich Sicherheitskriterien an ein Produkt, von einer unabhängigen Stelle geprüft wird, ob diese Kriterien erfüllt sind. Sicherheit ist aber eine Eigenschaft, die man einem Produkt nicht ansehen kann, wie die Funktion bei einer App oder Ähnliches, sondern man muss schon tief ins Produkt hineinschauen. Und es nützt nichts, wenn man nachträglich die Fehler feststellt, das heißt nach einem Sicherheitsvorfall. Denn dann lassen sie sich ja nicht mehr beseitigen. Also benötigt man vorher die entsprechende Analyse, die Fähigkeit und die Kompetenzen, diese Prüfungen durchzuführen. Die Vertrauenswürdigkeit eines Produkts ihrerseits drückt sich zum Beispiel in den Anforderungen unseres Grundgesetzes aus in Bezug auf das Fernmeldegeheimnis, in Bezug auf die informationelle Selbstbestimmung im Rahmen der Artikel eins und zwei Grundgesetz, allgemeine Persönlichkeitsrechte. Und diese Eigenschaften müssen eigentlich in Produkten und Systemen mit entsprechenden Sicherheitsanforderungen umgesetzt werden. Denn es wird zunehmend ein Mangel an Datenschutz und Vertrauenswürdigkeit in Mainstream-Produkten beklagt. Wenn man in die Vergangenheit schaut, so herrschte bis die 1980er

© Springer Fachmedien Wiesbaden 2015

U. Bub, V. Deleski, K.-D. Wolfenstetter (Hrsg.), *Sicherheit im Wandel von Technologien und Märkten,* DOI 10.1007/978-3-658-11274-5_6

Jahre die Situation vor, dass alles, was Telekommunikation und IT anging, in Deutschland völlig reguliert war. Da konnte man eine Menge an Sicherheitsprüfungen durchführen, aber das hatte dann seltsame Auswirkungen. In Erinnerung ist da vielleicht noch ein Bildschirmtextmodem (Btx), ein Gerät, von dem die Bundespost damals behauptete, es wäre sicher. Kostete 150 DM. Und da behaupteten einige vom Chaos Computer Club – der war damals gegründet worden – man könnte das manipulieren. Das hat die Post abgestritten und das wurde dann nachher irgendwann in einer Fernsehsendung im WDR Computer Club mal nachgewiesen und ist als Btx-Hack in die IT-Geschichte eingegangen. Und das war dann eine große Sensation und Blamage.

Das Internet verändert sich

Mit der Erfindung und Verbreitung des Internet hat sich die Lage verändert. Campus-Lösungen entstanden, die gleich in kommerzielle Systeme umgesetzt wurden – Sicherheit spielte bei der Gestaltung keine Rolle. Der große Vorteil: Heute gibt es die tollen mobilen Geräte, die mobilen Services, fantastische Möglichkeiten, Kostensenkung, Wirtschaft und Verwaltung sind begeistert. Selbst das BMI betreibt in Berlin Alt Moabit ein Service-Center für iPhones, das heißt nicht Service-Center, sondern iPhone-Klinik. Eigentlich wurde bis heute mit den ganzen Bedrohungen das Orwellsche Szenario technologisch erfolgreich umgesetzt, aber es kommt nicht in Gestalt eines absolutistischen Staates daher, sondern als „Haustier", als Lieblingstier, als etwas, worauf niemand verzichten kann. Und das eröffnet ein Spannungsfeld – das was der Benutzer liebt, was er unbedingt braucht, auf das er nicht verzichten kann, bringt letzten Endes auch die Sicherheitsprobleme mit sich. Und das lässt sich nicht ohne Weiteres, wie das SSL-Sicherheitsproblem aus der jüngsten Vergangenheit, lösen, weil nämlich die gesamten Wartungs- und Serviceinfrastrukturen zum Teil beherrscht werden von Großkonzernen, auf die man wenig Einfluss hat. Da kann man nicht einfach ein Sicherheitsproblem lösen, sondern muss in diesem Wartungszyklus schauen, ob das funktioniert. Das BSI hatte bereits vorher Anforderungen definiert, die so ein SSL-Problem vermeiden. Viele Dinge sind auch schon seit Langem bekannt. Aber die Schwierigkeit besteht häufig darin, dass sich kaum jemand an die Anforderungen des BSI hält, solange sie nicht regulatorisch umgesetzt sind. Also muss in dieser heutigen Welt, die sich völlig von der in den 1980er Jahren unterscheidet, in einem vernünftigen Verhältnis abgewogen werden, was regulatorisch auch durch staatliche Maßnahmen erreicht werden kann und wo die Grenzen dafür zu setzen sind.

ITK ist eine kritische Infrastruktur

Regulierung muss natürlich auch immer unter der Berücksichtigung der Tatsache statt-
finden, dass sich deutsche Unternehmen und Dienstleister im internationalen Wettbewerb befinden. Die können nicht einfach irgendetwas bauen, was zwar sicher ist, was
sich jedoch anschließend nicht verkaufen lässt. Und es muss sich betreiben und warten
lassen. Die Verantwortlichen von großen IT-Systemen treiben eher Sorgen um, wie die
Kosten und die Verfügbarkeit der Infrastruktur aussehen. An Sicherheit wird auch gedacht, aber es ist ein Thema von vielen und steht nicht im Vordergrund. Das sind Rahmenbedingungen, in denen auch Zertifizierung stattfindet. Staatliche Regulierung in
Verbindung mit technischen Standards, die vorgeschrieben sind für kritische Infrastrukturen, die wiederum überprüft werden können durch Zertifizierungsverfahren, ist ein
Mittel der Wahl, um sensible Bereiche zu schützen. Es ist übrigens ein Gedankenfehler,
dass bei Kritischen Infrastrukturen immer nur dann von kritischen Infrastrukturen ge-
sprochen wird, wenn überkommene, klassische Infrastrukturen mit IT ausgestattet werden. Denn es ist ganz anders: Überall dort, wo IT intensiv eingesetzt und eingeführt worden ist, wo es sie vorher vielleicht auch gar nicht gab, entsteht eine kritische Infrastruktur. Und Sicherheit verhält sich umgekehrt proportional zur Komplexität. Komplexität ist
ein ganz wesentlicher Faktor, um Sicherheitsprobleme zu erzeugen. Und auch eine Zertifizierung wird immer schwieriger bei zunehmender Komplexität von Systemen.

Prüfung und Zertifizierung am BSI

Das BSI hat ein Zertifizierungsschema für Produkte, für Systeme und für Dienstleistungen. Es gibt einmal die Prüfung nach Common Criteria for Information Technology
Security Evaluation (CC), einem internationalen Standard. Dort geht es darum, zu einer
Liste erkannter und definierter Bedrohungen, entsprechende Sicherheitsmaßnahmen
abzuprüfen. Der Hersteller hat dabei die Freiheit, eine Sicherheitslösung zu wählen, die
er für gut geeignet hält, da macht das BSI keine Vorschriften. Da unterscheidet sich im
Übrigen das BSI von den Partnerinstitutionen jenseits des Atlantiks ganz wesentlich.
Damit soll vor allem die Innovationskraft der Sicherheitslösungen erhalten und gefördert
werden. Ein Sicherheitsprodukt braucht aber auch Kompatibilität und Funktionalität. Bei
Krypto-Algorithmen sind es die Parameter, die Festlegung, in welchem Lebenszyklus
diese Parameter geändert werden müssen. In Bereich der Produktzertifizierung ist das
BSI durch den CC-Standard und das internationale Abkommen weltweit führend. Das
liegt einmal daran, dass die Prüfungen derzeit nach diesem Standard (CC) durch Behörden durchgeführt werden. Es liegt aber auch daran, dass hier in Deutschland auf die
Sicherheitsqualität immer ein sehr großer Wert gelegt wird. Das BSI ist eine unabhängige Behörde. Unabhängig von Polizeibehörden und von Nachrichtendiensten. Das ist bei
unseren internationalen Partnerbehörden nicht überall der Fall. Dazu kommt, dass Be-

hörden, wie die NSA, die das Zertifizierungs-Geschäft in den USA betreiben, derzeit ein erhöhtes Image-Problem haben. Und wenn man schon die Politik immer dafür kritisiert, dass sie nicht einen weitreichenden Blick in die Zukunft hat, beim BSI hatten man ihn. Man hatte in den 1980er Jahren die Datenschutz-Diskussion und hat gesehen, dass das Thema Internetsicherheit, die Behandlung öffentlicher Kryptographie, die in Gestalt von RSA damals für die Verwendung der Kryptographie in der Fläche, im kommerziellen Umfeld sozusagen, die Büchse der Pandora geöffnet hatte, von einer unabhängigen Behörde geregelt werden muss. Und das war auch der Hauptgrund, warum das BSI 1990 als unabhängige Behörde gegründet wurde. Die meisten Prüfungen des BSI werden durch private Labore durchgeführt, die vom BSI dafür akkreditiert werden. Das ermöglicht eine flexible Anpassung der Kapazität je nach dem Marktbedarf, das heißt je nach Menge der Zertifizierungsanträge. Zertifiziert werden auf der Produktseite unterschiedlichste Komponenten. Das BSI zertifiziert seit etwa 1999 nach dem CC-Standard, also so lange, wie es ihn gibt. Dabei hat das BSI in Europa eine besondere Kompetenz entwickelt, Chiptechnologien und die entsprechenden Sicherheitselemente zu überprüfen.

Das Passwort-Zeitalter ist vorbei

Der voraneilende technologische Fortschritt und die Dynamik der IT-Welt werden die Herausforderungen für die Arbeit des BSI weiter vergrößern. Der Fall der 1,2 Milliarden gestohlenen Passwörter aus dem Sommer 2014 zeigt übrigens eindrucksvoll: Das Passwort-Zeitalter ist zu Ende. Jetzt ist die Frage, was danach kommt. Ist Deutschland in der Lage, dieses Nach-Passwort-Zeitalter mitzugestalten? Technologien wie der Fingerabdruckscanner an mobilen Geräten haben einen sehr hohen Reifegrad und setzten sich durch. Das iPhone 6 verfügt über ein Payment-Service mit fingerprint und einem Sicherheitselement. Da ist wahrscheinlich sogar ein deutscher Chip drin. Die Schwierigkeit hierbei ist aber, dass die Vorgaben für die Sicherheit und die Nutzung durch Apple festgelegt werden. Die Standards, die heute im Internetmarkt für Commercial-off-the-shelf (COTS)-Produkte, also Elektronikprodukte für den Massenmarkt, gelten, werden von den Marktführern diktiert – sie gehen in kein ISO-Gremium, in keine ITU und stimmen das mit ab, so wie vor 30 Jahren. Sondern sie diktieren den Standard und, wenn ein Sicherheitselement im iPhone drin ist, dann ist auf jeden Fall sichergestellt, dass keiner mit einem anderen Service auf diese Schnittstelle zugreifen kann und die Sicherheit nutzen kann, die nur für die Apple-Produkte gilt. Das gehört mit zur Geschäftspolitik.

Hier stellt sich die entscheidende Frage, ob noch Raum für gestalterischen Einfluss auf die Sicherheitstechnik bleibt, die nach dem Passwort-Zeitalter kommt, in Bezug auf Sicherheit, aber auch Vertrauenswürdigkeit. Auch in Bezug auf die Möglichkeit, ob es sich im Sinne informationeller Selbstbestimmung verhindern lässt, dass dort Dinge passieren, die nicht gewünscht sind. Technisch lässt sich das sicherlich umsetzten. Ob es auch wirklich durchsetzbar ist, ist eine ganz andere Frage. Und zum Durchsetzen gehören nicht nur eine staatliche Regulierung und ein technischer Standard und die Fähigkeit zu zertifizieren, sondern dazu gehört auch Marktbreite. Wer keine Märkte bietet, wer Anbietern nicht die Möglichkeit bietet, Geschäfte zu machen, der wird in diesem Markt auch nichts durchsetzen können. Und das BSI wird an dieser Stelle den Wettbewerb sicher nicht einschränken wollen.

BSI-Schutzprofile

Ein wichtiger Tätigkeitsbereich des BSI ist auch die Erstellung von Schutzprofilen, die wichtige, positive Auswirkungen auf die Wirtschaft und vor allem den Wettbewerbsvorteil der deutschen Wirtschaft haben. Schutzprofile enthalten all die Standards, die für bestimmte Produktklassen gelten. Schutzprofile kann im Prinzip jeder entwickeln. Das wird nicht in einem Normungsgremium gemacht, sondern von Benutzergruppen – das können Industriekonsortien sein, das können aber auch Staaten sein, die zum Beispiel ein Gesetz für eine kritische Infrastruktur verabschieden und diese Komponenten sicher machen wollen. Ein Beispiel ist hier in Deutschland der Personalausweis. Da gibt es eine Reihe von technischen Standards, die per Gesetz vorgeschrieben sind. Sie werden eingehalten und sie bieten den Anbietern von Technologien auch die Möglichkeit, dass keine Billiganbieter mit sicherheitstechnisch schlechten Produkten das Geschäft machen und damit die Sicherheit in diesem Markt verhindern. Ein weiteres Beispiel ist das deutsche Gesundheitswesen. Hier sind alle 80 Millionen Bundesbürger davon betroffen, mit ihrer Gesundheitskarte. Sämtliche Leistungserbringer – das sind die Ärzte, das medizinische Personal und alle Krankenhäuser – werden in diese Infrastruktur, nach diesen Vorgaben, entsprechend eingebunden.

Das Beispiel Smart Metering, also intelligente Verbrauchszähler (Strom, Gas, Wasser), ist auch ein Projekt, das in Deutschland gestartet wurde. Es ist ein besonderes Projekt und ein gutes Beispiel in Hinblick auf die Wirkungsmechanismen, die hier stattfanden. Grundlage ist das Energiewirtschaftsgesetz (EnWG), das kurz nach dem durch Fukushima motivierten Energiewendebeschluss, das war in 2011, novelliert worden ist. Ein Gesetz, das innerhalb von sechs Wochen den Bundestag passierte. Hier stand die Energiewende im Vordergrund und hatte diesen Beschleunigungseffekt bewirkt. Aber in diesem Zusammenhang kam auch eine Datenschutzdiskussion auf. Denn wenn Verbrauchsdaten elektronisch übermittelt werden sollen, was ein wichtiger Aspekt der Energiewende ist, dann muss der Datenschutz gewährleistet sein. Es wäre fatal, ein solches Gesetz in den Markt zu bringen, wenn es nachher durch eine massive Sicherheitsdiskussion ausgebremst würde. Und das war der Grund, warum man beschlossen hatte, einen technischen Standard zu etablieren, der vom Gesetz verbindlich festgesetzt wurde, um die Datenschutz- und Datensicherheitsanforderungen zu gewährleisten. Im engen Zusammenhang damit steht auch eine Zertifizierung durch das BSI sowie die Durchsetzung dieser Standards, was im Gesetz entsprechend festgeschrieben worden ist.

Auch hier stellte sich die Frage, wie man zu entsprechenden Standards kommt, die von einer breiten Mehrheit getragen werden. Im Jahr 2010 gab es eine lebhafte Diskussion mit den europäischen Normungsbehörden, denn es gab bereits seit mehr als sechs Jahren eine EU-Richtlinie zum Thema Smart Metering. Einzelne Länder hatten diese umgesetzt, aber niemand dachte explizit an die Sicherheit und den Datenschutz. Deutschland und das BSI waren die ersten. Dem BSI wurde damals geraten, abzuwarten, bis auf EU-Ebene die Kommission oder die Normungsorganisation ihre Roadmap verabschiedet haben – das sollte zwei Jahre dauern. Das heißt, es wurde dann die Normungsorganisation beauftragt, eine Roadmap zu erstellen. Die Roadmap bestand aus 500 Seiten Papier. Dor hatte man sozusagen nach der Staubsaugertechnik alle Normen aufgelistet, die es zum Thema Smart Metering weltweit gab. Die Arbeit damit wäre jedoch extrem kompliziert geworden, weil die Dokumente zu umfangreich und die Beschäftigung damit zu langwierig wäre. Das BSI hat damals gesagt: „Wir haben keine Zeit dafür. Wir haben unser Energiewirtschaftsgesetz, wir fangen mit unserem intelligenten Energienetz an einer Stelle an, wo wir auch direkt etwas bewirken können." Also wurden aus den Anforderungen der Hersteller und der Netzbetreiber Kriterien für das sichere Smart Meter Gateway abgeleitet – und zeitnah umgesetzt. Die entsprechende Verordnung wurde auch im Jahr 2013 von der EU-Kommission notifiziert. Das Beispiel zeigt: Es ist immer wichtig, dass man in einem innovativen Bereich schnelle Aktionen durchführt, politische Entscheidungen trifft und Regulierung einführt, mit einer entsprechenden Geschwindigkeit die Standards erstellt und die Motivation der Unternehmen bekommt, an einem solchen Standard mitzuarbeiten. Also die Grundlage für Erfolg, das zeigen uns ja die amerikanischen Unternehmen, liegt in der Geschwindigkeit, in Investitionen und im Zusammenziehen von Kräften, aber auch in intelligenten Markideen.

Sicherheit und internationale Abkommen

Auf internationaler Ebene gibt es das Common Criteria Mutual Recognition Arrangement. Dieses Abkommen hat derzeit 28 Mitgliedsstaaten und es ist erst im September 2014 geändert worden. Man hat dort beschlossen, dass man das Evaluierungsniveau, das heißt also die Tiefe, mit der man in ein Produkt hineinschauen kann, auf Stufe zwei des Evaluation Assurance Level beschränkt. Was heißt das? Es gibt einen so genannten black box approach. Man schaut sich also ein Produkt von außen an und versucht zu beurteilen, wie sicher das ist. Da kann man kaum etwas Sachdienliches erkennen. Man kann sich darüber streiten, ob das, was man dort sieht, ausreicht. Bei bestimmten COTS-Produkten, die ganz günstig sind, ist das möglicherweise der einzige Weg. Aber wenn es um ein Smart Metering-System geht oder andere Dinge, wie medizinische Anwendungen, muss man tiefer hineinschauen. Daher plädiert das BSI für den so genannten white box approach. Daher setzt sich das BSI dafür ein, dass es weiterhin einen internationalen Standard gibt, nach dem man arbeiten kann. Aber hier gibt es Unterschiede in der Philosophie zum Beispiel im Vergleich mit den USA mit ihrer federführenden NSA. Deswegen hat das BSI schon vor vielen Jahren ein europäisches Abkommen gegründet. Dort sind zehn Staaten versammelt und die ENISA setzt sich stark dafür ein, weitere Staaten zu motivieren, hier mitzumachen. Das Ziel ist klar: In Europa soll es weiterhin sichere Standards geben, die nach den Bedrohungsszenarien entwickelt werden und nicht nach irgendwelchen pauschalen Kriterien, die sich irgendwelche Leute in Regierungsstellen ausgedacht haben, die mit der Sicherheit der einzelnen Systeme nicht vertraut sind. Europa will weiterhin eine high assurance policy betreiben, im Gegensatz zu auf low assurance policies abzielendes Verhalten. Das BSI unterstützt daher die EU-Kommission und die europäischen Normungsorganisationen dabei, dass sie diese hohen Standards erzeugen, damit wir in kritischen Infrastrukturen und in anderen sensiblen Bereichen Sicherheitsstandards erstellen können, die den notwendigen Sicherheitsrahmen bieten. Die Regierungen national, aber auch die Europäische Kommission erzeugen immer mehr Regularien, Direktiven, die Sicherheitsstandards, Schutzprofile und dergleichen brauchen. Ein Beispiel ist hier PSD2, die europäische Zahlungsverkehrsrichtlinie. Dort hat man ganz klar gesagt, dass man bei modernen Payment-Services, wie sie in Mobilfunkgeräten mittlerweile üblich sind, nicht mehr ausschließlich mit Passwörtern arbeiten kann. Es ist eine Zwei-Faktor-Autorisierung notwendig. Die Identifizierung ist hier ein ganz wichtiges Thema. Identifizierung bedeutet nicht nur, dass der andere weiß, wer sich denn da meldet und einen Dienst in Anspruch nimmt, sondern dass die damit verbundenen Identitätsdaten ordentlich im Datenschutzsinne verarbeitet werden. Deswegen findet das BSI diese Zielsetzung in der PSD2 sehr richtig. Im nächsten Schritt müssen diese Regulierungen in nationale Gesetze umgemünzt werden mit entsprechenden Vorgaben und Standards behaftet, sodass die Geräte, die dann zum Einsatz kommen, nicht nur die Eigenschaften haben, die von den Marktführern zugebilligt werden, sondern dass die Behörden diese Eigenschaften durch eine aktive Standardisierungspolitik mitgestalten.

Auch im Rahmen des Freihandelsabkommens TTIP wird das Thema Sicherheit eine Rolle spielen. Das BSI hat der Bundesregierung empfohlen, dass sie sich dafür einsetzen soll, dass die hohen Sicherheitsstandards, die in Europa und Deutschland bisher erreicht worden sind, auch weiterhin erhalten bleiben. Im Klartext bedeutet das, dass Europa und Deutschland ganz genau darauf achten müssen, was deren Handelspartner im Bereich IT-Sicherheit tun. Die Amerikaner betreiben eine low-assurance-Politik. Das heißt, es ist nicht so, dass sie nicht mehr prüfen, aber sie prüfen nicht offiziell. Sie veröffentlichen die Kriterien nicht. Sie wollen nicht, dass andere die Befähigung erwerben, tief in Produkte hineinzuschauen. Diese Befähigung darf in Deutschland und Europa nicht verloren gehen und es darf nicht akzeptiert werden, dass Produkte, in denen Sicherheit eingebaut wurde, keinen Zugriff auf die Sicherheitsfunktion durch Dritte zulassen. Und deswegen muss das ganze Thema IT-Sicherheitsstandards entweder als Ausnahmetatbestand behandelt werden. Oder es muss zumindest toleriert werden, dass deutsche und europäische Sicherheitsstandards in den Markt kommen und nicht einfach amerikanische Standards und seien es nur, dass Krypto-Standards der NIST (National Institute of Standards and Technology) übernommen werden müssen.

Alice in the Sky – Herausforderungen an die Sicherheit in der Flugkommunikation

Prof. Dr. Joachim Posegga

Universität Passau

Zusammenfassung

Wenn man in ein Flugzeug steigt, dann bekommt man von dem, was im Cockpit passiert, nichts mit. Start, Flug und Landung laufen aus Sicht des Passagiers routiniert ab. Dabei passiert, was die Kommunikation vor allem während des Starts und der Landung angeht, sehr viel. Die Kommunikation in der zivilen Luftfahrt ist ein ganz großes Feld. Vom Stand der Technik her aber eher unspannend, aus Sicht der Sicherheit eher ernüchternd – wobei auch aufgrund der Besonderheit dieses Bereichs schwer zu fassen. Eine Bestandsaufnahme und Herangehensweisen an die IT-Sicherheit im Flugverkehr vom wissenschaftlichen Standpunkt aus.

Das Fliegen wird heute als selbstverständlich wahrgenommen. Man geht von sicheren, verlässlichen und modernen Technologien aus. Denn schließlich ist das aus technischer Sicht eine komplexe Angelegenheit, viele Tonnen in die Luft zu bringen und dort zu halten. Tausende von Fliegern sind rund um die Uhr irgendwo in der Welt unterwegs, sie überfliegen Ländergrenzen, das heißt genauer Luftgebiete unterschiedlicher Länder. Es ist ein hoher organisatorischer Aufwand für die Flughäfen und natürlich für die Fluglotsen und Piloten. Aber eigentlich ist allgemein nicht so viel darüber bekannt, was da wirklich abläuft. Jedenfalls hat das Bild von der perfekten Organisation im Flugverkehr in der Vergangenheit Risse bekommen. Alle erinnern sich an das Verschwinden der Boeing 777 der Malaysia Airlines, Flugnummer MH-370. Noch Monate nach dem Vorfall gilt die Maschine als verschwunden. Man weiß nicht, wohin sie geflogen ist und wo genau sich ihre Spur verliert. Das ist auf den ersten Blick extrem ungewöhnlich und in den Augen eines Laien unvorstellbar. Man muss sich mal vergegenwärtigen, dass es derzeit möglich ist, jedes iPhone auf der Erde auf ungefähr 50 cm genau zu orten. Aber

© Springer Fachmedien Wiesbaden 2015

U. Bub, V. Deleski, K.-D. Wolfenstetter (Hrsg.), *Sicherheit im Wandel von Technologien und Märkten,* DOI 10.1007/978-3-658-11274-5_7

ein 70 Meter langes Flugzeug mit 239 Menschen an Bord verschwindet einfach. Um zu verstehen, was dort passiert sein könnte und wie das überhaupt möglich ist, dass ein Flugzeug verschwindet, sollte man sich ein Bild über die Flugkommunikation machen. Und in dem Zusammenhang interessant sind Überlegungen, wie es um die IT-Sicherheit im Flugfunk bestellt ist.

Flugverkehrskontrolle – der Stand der Dinge

Schaut man sich die Technik an, die in den heute aktiv genutzten Fliegern verwendet wird, so stellt man fest, dass sie auf dem Stand der 1970er Jahre ist. Das war die Zeit, als die ersten PCs rauskamen. Das ist heute das, was man in den Fliegern, wie der MH-370 vorfindet. Der ganze zivile Flugfunk basiert heute im Wesentlichen auf einer komplett veralteten Technologie. Das zeigt ein Blick auf die Sprachkommunikation. Das ist eine Amplitudenmodulation (A3E 25kHz), die selbst der Amateurfunk vor bereits 30 Jahren aufgegeben hat. Im Aviation-Bereich ist es nach wie vor verbreitet. Alternativ wird noch SSB über Kurzwelle (Einbandmodulation 2,7 kHz) verwendet. Das ist der einzig existierende wirkliche Standard für Flugkommunikation. Es gibt kein globales Tracking von Flugzeugen wie man das zum Beispiel von iPhones kennt. Und es gibt unterschiedliche Kommunikationssysteme, die nicht entsprechend in andere Systeme integriert sind. Zusammenfassend lässt sich sagen, dass das Entertainmentsystem in der Kabine heute technologisch 20 Jahre dem voraus ist, was sich im Cockpit befindet. Das ist der Stand der Dinge im air traffic control (ATC, Flugverkehrskontrolle).

Das Ganze basiert im Wesentlichen auf primärem und sekundärem Radar, was allerdings nur sehr partiell die ganze Welt abdeckt. Das erste ist das so genannte primary surveillance radar (PSR) – also das klassische Radar. Ein Kilowatt-Sender sendet Hochfrequenz raus und bekommt ein Echo – daraus wird dann die Position ermittelt. Das ist fast jedem noch aus der Schule bekannt. Das zweite ist das secondary surveilance radar (SSR). Das ist ein Protokoll. Da wird ein Signal losgeschickt und das Flugzeug antwortet aktiv. Das hat eine wesentlich höhere Reichweite. Gelöst wird das mit einem Gerät, das sich in jedem Cockpit befindet, mit Drehknöpfen und einer Anzeige. Damit wird ein vierstelliger Code eingestellt, den der Pilot von der Flugsicherung bekommt. Das ist dann die Identität des Fliegers. Dabei muss man beim Drehen der Knöpfe vorsichtig sein, denn die Identität wechselt dauernd, sobald eine andere Flugsicherung für den Flieger zuständig ist. Aufpassen muss man vor allem beim Einstellen des Codes, weil bestimmte Codes Alarmsignale sind. 2500 steht für Flugzeugentführung. Wenn man aber von der 1200 auf 2700 möchte, so darf man auf keinen Fall zuerst die 2 einstellen und dann hochdrehen, weil man dann zwangsläufig kurz über die 2500 kommt – und somit wird ein Alarm ausgelöst. Das sind die Standardtechniken, die im Umlauf sind. Bei etwa 30 % der Flugzeuge wird ein anderes System eingesetzt. Das nennt sich ACARS (Aircraft Communication Adressing and Reporting System) und bedeutet Audiokommunikation über Amplitudenmodulation. Damit lässt auch Textmessaging machen, also SMS für die Piloten. Das System ist etwa 30 Jahre alt.

Malaysia Airlines MH-370

Vor dem Hintergrund der Kenntnisse über die Technikstandards in der Flugkommunikation lässt sich das Drama um die MH-370 unter neuem Licht betrachten. Gestartet ist die MH-370 in Kuala Lumpur mit Kurs nach Norden. Kurz vor Verlassen des Malaysischen Luftraums gab es die letzte Aussendung mit dem ACARS-System – da stehen einfach die Uhrzeit drin und die GPS-Position. Der Flieger hat also aktiv gesendet „Ich bin gerade hier". Das war das letzte, was man via ACARS vom Flieger gehört hat. Etwas später gab es noch einen SSR-Kontakt. Und noch viel später einen PSR-Kontakt. Beim Radar handelt es sich im Wesentlichen um militärische Radaranlagen. Die haben kurioserweise einen Zick-zack-Flug der Maschine festgestellt, das heißt eine enorme Abweichung von der geplanten Flugroute. Beim letzten PSR-Kontakt endet auch die Spur der MH-370. Seit dem gibt es keinen Hinweis auf den Verbleib der Maschine, außer immer wieder neuen Theorien über Absturzstellen. Das wirklich Erstaunliche ist, dass der Kurswechsel, der auf den Radarbildern nachzuvollziehen ist, niemanden gestört hat. Also entweder sind da unheimlich viele Fehler auf ATC-Seite passiert oder es ist schlicht so, dass das absolut passieren kann, dass das im System möglich ist. Nach dem Verschwinden des Fliegers folgte eine forensische Analyse des möglichen weiteren Verlaufs des Fluges. Dabei hat man in Satelliten-Logs nachgeschaut, denn es ist in der Tat so, dass die Triebwerke von Flugzeugen Datensätze aussenden können auf Anforderung. Es gibt so ein kleines Protokoll. Das ist im Wesentlichen gemacht für die Flugzeugturbinenhersteller, um frühzeitig zu wissen, wenn da was schief geht. Das wird über Satelliten empfangen und ist eigentlich kein Navigations- oder Positionsinstrument. In den Satelliten-Logs stehen auch keine GPS-Koordinaten drin. Denn die Position der Triebwerke ist normalerweise relativ fest am Flügel. Das ist das Wichtigste für die Triebwerke. Dennoch wurden diese Daten ausgewertet und man hat dann aufgrund von Timing der Daten, der Frequenz der Daten basierend auf einem Doppler-Effekt, versucht, herauszukriegen, wohin die Maschine geflogen sein könnte. Und dann wurde die Hypothese generiert, dass es Richtung Australien bzw. westlich dran vorbei geflogen ist. Diese Hypothese hat dann auch das Areal für die Suche definiert.

Die forensische Analyse basierte auf der Zeit, der Frequenz und in gewissem Sinne auf dem Ort dieses Senders, der da irgendwelche Signale ausgesendet haben soll, die dann auch nach bestimmten Kriterien analysiert wurden. Man hat versucht, auf die Position zu schließen. Aus Sicht der IT-Sicherheit fragt man sich natürlich, was eigentlich die Basis für die Authentizität dessen ist, was dort ausgewertet wurde. Die Antwort ist: gar keine! Also die Signale, die dort analysiert wurden, die kann man relativ simpel erzeugen. Das kann jeder bessere Geheimdienst, wenn er es denn möchte. Es sollen keine Verschwörungstheorien aufgebaut werden, aber die Vertrauenswürdigkeit der Daten, die man dort ausgewertet hat, ist in der Tat nahe bei null. Die könnte theoretisch jeder erzeugen. Der Aufwand ist ungefähr 1000 Euro. Es reicht ein kleines Fischerboot dafür.

Security ist kein Kriterium

Was kann man aus dem MH-370-Verschwinden lernen und welche Anstrengungen und Innovationen gibt es, den überholten Stand der Technik zu verlassen? Was ist also gerade bleeding edge? Eine Technik, die sich ADS-B (Automatic Dependent Surveillance Broadcast) nennt, verspricht zumindest eine bessere Übersicht über das Flugverhalten. Sie ist endlich mal digital, erfasst Positionsdaten und erlaubt Datenkommunikation. Das ist gerade so im Kommen und soll dann irgendwann auch Richtung Satellitenkommunikation erweitert werden. Und wenn das alles klappt, dann gibt es tatsächlich einen globalen Blick auf die Flugbewegungen. Also schätzungsweise im Jahr 2017 oder 2018 ist damit zu rechnen. Und dann, besser aber schon jetzt, muss man natürlich auch über die Security nachdenken. Welche Möglichkeiten gibt es hier, Security zu implementieren? Bei ADS-B, muss man lange suchen, bis man merkt, es ist nichts da. Das heißt, Security war noch nicht mal ein design goal. Ist also kein Kriterium bei der Entwicklung. Es gibt keinerlei Authentifikation. Es werden Daten ausgesendet, digital codiert, das Verfahren ist dokumentiert. Und diese Daten werden verarbeitet. Es gibt keinen Integritätsschutz, nur ein Paritätscheck, was aber aus Sicht der IT-Sicherheit wenig zu bedeuten hat. Es gibt keinerlei Vertraulichkeit oder Privacy. Es sind schlicht öffentliche Aussendungen, die jeder im Prinzip auch erzeugen könnte. Die Angriffsfläche ist hierbei also relativ groß. Ist in den letzten Jahren auch schon auf Black-hat-Veranstaltungen thematisiert worden. Versuche zeigen, dass man mit einem 500 Euro teuren Equipment bereits senden kann. Mit einer Investition von 50 Euro in Equipment kann man schon empfangen. Da geht es um Tracking und so weiter. Die Endsysteme verarbeiten alles, was da an Daten reinkommt. Ob das gut ist, ist eine andere Frage. Da kommt Big Data ins Spiel, man kann die Daten korrelieren und so weiter.

Dass das Tracking mit relativ geringem Mittelaufwand funktioniert, ist nachgewiesen. Bei Ebay kann man für 20 Euro einen DVBT-Stick ersteigern. Diesen baut man am besten in ein Metallgehäuse ein, um Störstrahlung zu vermeiden. Entsprechende Software lässt sich aus dem Internet herunterladen. In ungefähr eine Stunde ist das persönliche ATC-Center für Zuhause fertig. Wenn man guten Empfang hat, dann kann man in einem Umkreis von hundert Kilometern alles sehen, was am Himmel passiert und entsprechend die gesendeten Daten sammeln. Solche privaten Sender sind zuhauf im Einsatz. Es gibt nämlich auch die Crowd-sourcing-Variante. Flightradar24 nennt sich das und macht noch ein google maps overlay dazu. Da kann man draufklicken und bekommt alle Daten für alle möglichen Flugzeuge und kann nachverfolgen, wo sich ein bestimmtes Flugzeug befindet. Für private Zwecke ganz praktisch, falls man Besuch erwartet, der per Flieger kommt. Dann weiß man, wo sich der Besuch gerade befindet.

Geht IT-Sicherheit im Flugverkehr?

An der Universität Passau am Lehrstuhl für IT-Sicherheit gibt es Forschungsprojekte, die sich gezielt mit dem Thema der Zukunft des Flugfunks unter der Betrachtung des Sicherheitsaspekts beschäftigen. Dort wird sozusagen die nächste Stufe der Kommunikation als Unified Digital Communication angeschaut. Nennt sich LDACS-1. Was bedeutet das konkret? Das ist ein Standard, der im Prinzip die Luftkommunikation auf den Stand der Technik heben will. Im Wesentlichen ist die Innovation zunächst einmal gar nicht durch Sicherheit getrieben, sondern sie ist getrieben durch traffic, also der rasanten Zunahme an Flugverkehrsaufkommen. Und durch fehlenden Platz im radio frequency spectrum (RF-Spektrum). Das ist das Hauptproblem, was man an dieser Stelle hat.

Wie sieht es dann in diesem Bereich mit der IT-Sicherheit aus? Ein Beispiel wäre die Migration von Sprachkommunikation in die digitale Kommunikation. Wie lässt sich das anstellen? Denn es klingt auf den ersten Blick vernünftig, das zu tun. Aus Sicht der IT-Sicherheit gibt es aber einige Einschränkungen, die ganz interessant sind. Das erste ist die Frage, wie viel an Sicherheit möchte man haben. Möchte man Vertraulichkeit? Die Antwort ist: Nein! Vertraulichkeit geht nicht, weil sobald Verschlüsselung stattfindet, es passieren könnte, dass man nicht mehr entschlüsseln kann und das geht nicht wegen Safety. Also Verschlüsselung geht überhaupt nicht in diesem Bereich. Das zweite ist Integrität. Natürlich will man hier Integrität haben, denn man möchte nicht, dass jeder Flugzeug spielen kann. Aber was heißt das eigentlich in der Praxis? Da kommt ein Notruf rein. Wie geht man damit um? Ignorieren geht nicht. Availability is key, das wollen alle haben, also das ist das wichtigste. Grad wenn man von Sprach- auf Digitalkommunikation überwechselt, passiert was sehr interessantes. Zunächst geht so eine Art implizite Authentifikation verloren. Das heißt, der Pilot kennt den air traffic controler wahrscheinlich schon länger, kann beurteilen, ob der was Vernünftiges sagt. Also auch eine Art Konsistenzcheck mit dabei. Wenn Nachrichten nur getippt werden, dann ist das nicht mehr so. Digitale Aussendungen sind viel verwundbarer für Denial of Service-Attacken, das muss man bedenken. Also ein analoges Amplitudenmodulationssignal über DoS anzugreifen ist schon sehr aufwendig. Da braucht man einen Kilowattsender. Digital muss man ein Bit flippen, fertig. Ist also sehr kritisch das Ganze. Und VoIP-Verschlüsselung hat ja auch so seine Tücken und eignet sich im Grunde auch nicht.

Herausforderungen an die Security

Aus Forschersicht gibt es noch einige Herausforderungen zu meistern. Wo kann man hier ansetzen und vor allem was kann man wirklich umsetzen? Man kann zunächst von der Annahme ausgehen, man habe es mit einem fest definierten, eigentlich geschlossenem System zu tun. Air traffic control ist das im gewissen Sinne sogar auch. Da gibt es Hierarchien und Standardisierungsorganisation mit Zuständigkeiten und so weiter. Das heißt, dass man es hinbekommen müsste, dass ein Flugzeug die Position, an der es sich befindet, zu einer gegebenen Zeit wirklich auch nachweisen kann. Man möchte also Fakes ausschließen. Das ist eine der größten Herausforderungen. Dazu gibt es auch einige wissenschaftliche Arbeiten. Die meisten gar nicht im Kontext von ATC, aber das ist verdammt schwierig. Komplett kann man das Ziel nicht erreichen. Also müsste man im Prinzip prüfen, wie man die Evidenz erhöhen kann, also Timing messen, Konsistenzchecks machen. Da gibt es entsprechende Techniken wie Transceiver Finger-Printing. Es gibt jedenfalls eine ganze Latte von Maßnahmen. Aber man muss aufpassen, denn am Ende hängt alles am GPS. Muss einem auch bewusst sein. Ist auch nicht hundertprozentig eine gute Idee, sich so auf GPS zu verlassen bzw. so stark davon abhängig zu sein.

Eine weitere Herausforderung ist das Key Management. Also wie kann man überhaupt Schlüssel für Integritätsschutz, Authentizität verteilen? Ist PKI das richtige? Wie geht man eigentlich mit den ganzen multiplen Identitäten um? Ist ganz spannend im Luftverkehrsbereich, denn eine Aussendung von einem Flieger, da ist eine Identität, der Pilot in seiner Rolle als Pilot, als Flieger des Flugzeuges, als Angestellter der Luftfahrtgesellschaft, es gibt eine Flugnummer, die Maschine selbst hat auch eine Nummer. Und diese Identitäten wechseln alle von Start bis Landung. Also die Flieger haben keine durchgehende Identität. Auch nicht ganz so einfach, das so hinzukriegen, dass ein Pilot das handhaben kann. Was ebenfalls auffällt, ist die Tatsache, dass ja ständig ein Flieger am Flughafen landet und das ist eine vertrauenswürdige Instanz. Kann man das vielleicht irgendwie in eine Architektur miteinbauen? Also PKI macht man ja, damit man nicht dauernd zum Trust Center rennen muss. Die Flieger müssen das aber, denn die müssen ja immer landen.

Auch ein sehr interessantes Szenario ist das Thema Privacy bzw. Pseudonymity. Die Frage, ob man eigentlich dieses öffentliche Sammeln von Daten überhaupt haben möchte. Also ist das gewollt, dass jeder zu jeder Zeit sehen kann, welcher Flieger sich wo befindet? Hat nicht wirklich jemand drüber nachgedacht. Das ist halt technologisch einfach gekommen. Das hat vielleicht auch positive Auswirkungen. Zumindest zeigt das der Fall der abgestürzten Maschine in der Ukraine. Durch das Crowd Sourcing von Flugdaten konnte nachgewiesen werden, dass viele Fluggesellschaften, die nach dem Vorfall behaupteten, sie würden schon seit Monaten die Ukraine meiden, nicht die Wahrheit sagten. Die zur Beruhigung der Kunden reflexhaft ausgesprochenen Beschwichtigungen, man fliege nicht mehr über das Krisengebiet, konnten durch einen Blick in die Datenbanken widerlegt werden. Irgendwann kamen dann doch die Entschuldigung und das Eingeständnis, die Crowd habe Recht.

Eine weitere Frage ist: Was mache ich denn mit den Fliegern, die nicht sagen wollen, wie sie heißen? Also wenn Obama fliegt, wird er nicht broadcasten wollen: ich fliege hier. Wie geht man im System damit um? Sind sie pseudonym? Kann man das überhaupt machen bei der Menge? Eine weitere Frage: Wie geht man mit dem ganzen Legacy-Thema um? Also Innovationzyklen in der Luftfahrt werden in 20 bis 30 Jahren gemessen, das heißt, es dauert Jahrzehnte, bis das, was heute entwickelt wird, komplett umgesetzt wird. Wie geht man dann im System damit um? Was macht man in Notfällen? Denn dann muss man die ganze Security einfach ausschalten können. Also das interessiert dann keinen mehr, wenn der Flieger sagt, ich muss jetzt runter, weil es brennt. Und das muss irgendwie auch funktionieren im System. Was ist mit Usability? Ist auch nicht so wirklich gut umgesetzt. Also wie kriegt man das hin, dass das benutzbar ist? Und lässt sich das Ganze dann in einen Business Case einbauen? Das ist auch so ein Problem, das im Moment über allem schwebt. Denn wenn man ein neues System ausrollen möchte, wird das richtig teuer. Und wer zahlt das dann am Ende? Das ist auch nicht so ganz klar. Es sind noch viele Fragen – nicht nur auf der Forschungsseite – zu klären, um einen Prozess in Richtung mehr IT-Sicherheit im Flugverkehr und speziell bei der Kommunikation anzustoßen. Es braucht neue Ansätze, neue Technologien und greifende Maßnahmen. Allerdings sind die Zeithorizonte hierbei sehr lang und die Kosten sehr hoch, als dass man hier mit kurzfristigen Ergebnissen rechnen könnte.

Neue Wege der hardware-basierten Authentisierung und Identifikation: FIDO, PKI und mehr

Dr. Kim Nguyen

D-Trust GmbH

Zusammenfassung

Während es beim Thema IT-Sicherheit noch sehr stark um politische Rahmenbedingungen, Regularien und Standards geht, gibt es natürlich bereits Lösungen, die vernünftig funktionieren und weiterentwickelt werden. Politische Rahmenbedingungen sind natürlich wichtig, aber es muss auf der technischen Ebene im täglichen Leben funktionieren. FIDO steht für Fast IDentity Online und steht für das Thema Datensicherheit im Allgemeinen und Authentifizierung und Identifikation im Speziellen.

Die Trennung von Authentisierung und Identifikation ist ein wichtiger Punkt in der gesamten Thematik der sicheren Kommunikation und des sicheren Datenaustauschs. FIDO ist hier nur eine konkrete Ausprägung, die jedoch technologisch sehr weit ist. Die FIDO Alliance ist gerade einmal anderthalb Jahre alt und rasant gewachsen. Der Grund für das rasante Wachstum ist sicherlich die Tatsache, dass sich der Allianz der FIDO unterstützenden und vor allem nutzenden Unternehmen nahezu alle großen Player, gerade die amerikanischen Player wie Google, PayPal, Mastercard und andere, angeschlossen haben – im Übrigen ist alibaba das jüngste Mitglied, dafür aber schon ein Schwergewicht. Das zeigt das Interesse der Großen und spricht natürlich für FIDO. Es sind natürlich nicht nur die Internet Service Provider dabei, sondern tatsächlich auch viele Software- und Hardwarehersteller, sei es Infineon, sei es NXP, Samsung, Blackberry oder Lenovo. Das Interesse an der Absicherung von Zahlungen bei Online-Geschäften ist groß, das ist verständlich, denn es geht um Geld und alle Mitglieder sind an leistungsfähigen und vor allem ausgereiften Lösungen interessiert. Das trifft auf FIDO zu und es besteht die Möglichkeit, FIDO zu einem internationalen Standard zu machen. Der Weg ist jedenfalls vorbereitet. FIDO steht für Authentisierung der Zukunft.

© Springer Fachmedien Wiesbaden 2015

U. Bub, V. Deleski, K.-D. Wolfenstetter (Hrsg.), *Sicherheit im Wandel von Technologien und Märkten*, DOI 10.1007/978-3-658-11274-5_8

Das Besondere an FIDO ist, und das ist vielleicht auch ein Trend der letzten Jahre, dass es hier von vornherein um ein Ökosystem geht. Es geht eben nicht nur darum, eine einzelne Technologie anzubieten, sondern es ist ein so genannter One-Stop-Shop. Hier gibt es eine Lösung, die sofort einsetzbar ist, das heißt, Anbieter will Lösung einsetzen, tut dies und sein Kunde kann es sofort nutzen. Natürlich benötigt man dazu nach wie vor Hardware und Software. Aber es werden vor allem Dienste benötigt, die das sofort integrieren.

Die FIDO-Experience

Dass FIDO bei den Anbietern, die es einsetzen, gut ankommt, zeigt ja die große Zahl der Member in der FIDO-Alliance. Die andere Frage ist: Was ist die User Experience? Im Prinzip gibt es bisher zwei große Herangehensweisen. Die eine ist die Umsetzung eines Passwort-Ersatzes. Das ist ja schon zum Teil auf den neuesten Mobilgeräten wie dem Samsung Galaxy S5 umgesetzt und funktioniert mit Paypal sehr verlässlich. Der andere Ansatz ist die Integration der Zwei-Faktor-Authentisierung in eine bestehende Login-Passwort-Infrastruktur. Die Schrittreihenfolge ist hier natürlich klar. Es gibt zunächst einen Registrierungsschritt, bei dem ein Token benutzt oder ein Schlüssel erzeugt wird – natürlich auf einem integrierten sicheren Element in einem mobilen Endgerät oder auf einem separaten Dongle. Und dieser Schlüssel ist fest, im Grunde untrennbar, verknüpft mit der Identität des Users, die ja schon existiert. Im Prinzip ist es wie PKI (Public Key Infrastructure) ohne das I (Infrastructure). Nach der Registrierung ist dann das Login der nächste Schritt. Natürlich unter Verwendung der bei der Registrierung erzeugten Schlüssel. Der Login-Prozess wird gestartet, indem ein Schlüssel ausgewählt wird und der klassische Challenge-Response ausgelöst wird. Also technologisch ist das alles Stand von vor fünfzehn, zwanzig Jahren – hätte man im Grunde auch schon viel früher machen können. Wo kommt nun FIDO in dieser gesamten Schrittabfolge zum Einsatz? Im Grunde an zwei Stellen und zwar an den beiden neuralgischen Schnittstellen der Schlüsselanforderung und der Schlüsselauslieferung. FIDO standardisiert das Krypto-Protokoll für den Passwortersatz durch die unterschiedlichen Biometrien, die möglich sind (Stimme, Fingerabdruck, Iris Scan).

Die FIDO-Architektur

Was steckt nun hinter den genannten Prozessen und was ist die grundlegende Architektur hinter FIDO? (vgl. Abb. 8.1) Auf der einen Seite steht immer die so genannte Relying Party, das kann ein Web Service sein oder ein Provider anderer Dienste. Diese Party muss zunächst einmal das FIDO-Protokoll implementieren. Dabei gibt es zwei grundlegende Protokolle. U2F steht für Universal Second Factor, soll heißen, es ist ein zweiter Faktor, der in ein bestehendes Passwortsystem eingebracht wird. Auf der Anbieterseite werden auf einem Server die Schlüssel vorgehalten. Auf der User-Seite sind ein Token und ein Browser für den Einsatz vorhanden. Das ist soweit die Architektur, die U2F zu einem besonderen und spannenden Ansatz macht. Wenn man sieht, dass Google als großer Player, diese Technologie komplett in den Chrome Browser integriert hat, dann wird klar, welches Potenzial hier besteht. Denn nun kann eine Relying Party, die das FIDO-Protokoll unterstützt, ihre Dienste anbieten und der Nutzer kann diese ohne die Installation von irgendeiner Software und ohne Installation von zusätzlicher Hardware sofort nutzen. Solche Token, wie man sie beispielsweise am Schlüsselbund trägt, können dann zu neuen Human-Interface-Devices werden. Diese Token kann man dann an jedes System anschließen, überall dort, wo man eine Maus anschließen kann, sprich über den USB-Port. USB gehört hier zu den klassischen Kollektoren, das ist das, was tatsächlich bei Google in Mountain-View auf dem Campus schon seit drei Jahren pilotiert wird mit ca. 5000 Leuten. Aber es wird natürlich auch NFC (Near Field Communication) unterstützt, auch Bluetooth (vgl. Abb. 8.1). Das ist die aktuelle Ausrichtung der Schnittstellen auf den neuen mobilen Devices. Und auch ganz wichtig: der Token hat schon typischerweise ein Secure Element. Wobei: der Standard schreibt es nicht vor, aber die derzeitigen Produkte setzen das so um.

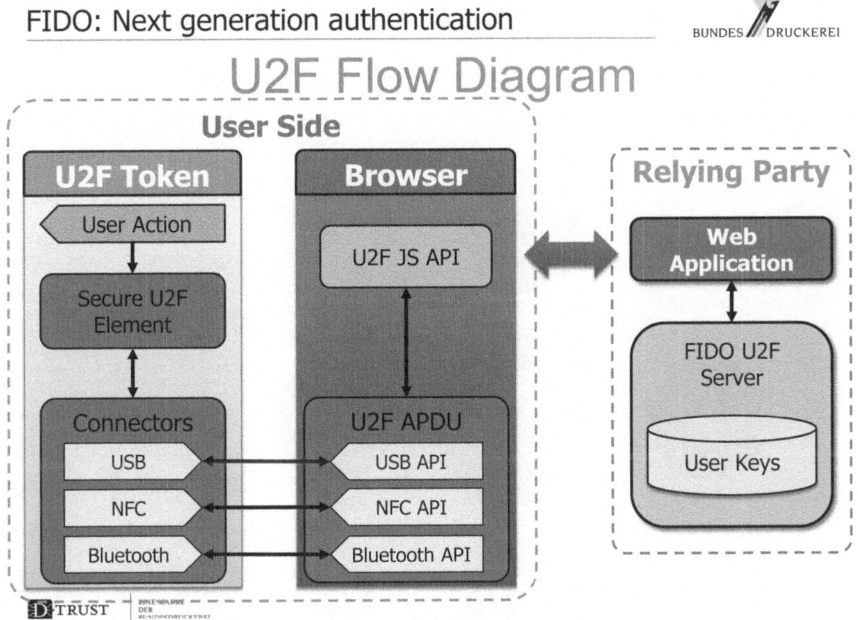

Abb. 8.1 FIDO-Architektur

Vertrauen in die Technologie herstellen

Das ganze FIDO-System ist ein asymmetrisches System ohne PKI-Infrastruktur. Das ist ein ganz wichtiger Aspekt für das Verständnis und die Anwendung dieser Technologie. Es nutzt zwar die kryptographischen Mechanismen, aber es verzichtet tatsächlich ganz konsequent auf das ganze Thema PKI. Der Grund liegt eigentlich auf der Hand. Es ist nämlich so, dass die Public-Key-Infrastruktur größere Aufwände erzeugt als die Kryptographie. Widerspricht irgendwie der landläufigen Meinung, dass es die Kryptographie ist, die so kompliziert und aufwändig ist. Das ist aber in der Tat nicht so.

FIDO ist als ein Ökosystem gedacht. Das ist tatsächlich ein ganz entscheidender Punkt. Es ist eben nicht die typische Vorgehensweise von Trust Centern, wo man beispielsweise eine Smart Card bekommt und sich als Nutzer um den Rest kümmern muss, wie Software und eventuell auch Hardware. Nein, bei FIDO ist alles inklusive, wobei das nicht heißt, dass man zu der Karte den Rest bekommt, sondern dass die Karte ausreicht, um sich innerhalb des Ökosystems zu bewegen. Auch wenn es bereits hieß, FIDO würde auf PKI verzichten, so ist das natürlich auch so, dass FIDO auf bereits vorhandenen PKI-Systemen aufsetzen kann. Also ganz ignoriert wird PKI nicht. Natürlich ist auch hier, wie bei allen Technologien, die Frage nach der Vertrauenswürdigkeit der Technologie eine ganz zentrale. Vertrauen ist vielleicht sogar ein passenderes Wort als Sicherheit. Weil Sicherheit schwer einzuschätzen ist und Vertrauen etwas ist, das aus dem allgemeinen Sprachgebrauch bekannt ist, und man sich immer zuerst fragt, ob man einer Technik vertrauen kann, eher als die Frage, ob sie sicher ist.

Abb. 8.2 Die Vertrauensdimensionen von FIDO

Bei FIDO gibt es vier Dimensionen des Vertrauens bzw. der Herstellung und Etablierung von Vertrauen (vgl. Abb. 8.2). Das eine Thema sind Protokolle. Die Protokolle sind offen. Es gibt Review-Prozesse, die auf Standardmechanismen aufbauen. Diese nutzen kryptographische Kurven nach NIST, über die sich natürlich auch streiten lässt. Das zweite Thema wie bei allen kryptographischen Mechanismen ist das Thema Schlüssel. Vor allem die Schlüsselspeicherung ist ein interessanter und wichtiger Aspekt. Die Anforderungen an die Schlüsselspeicherung hängen von der Kritikalität des Falles ab. Natürlich gibt es Anwendungsfälle, wo man mit einem Softtoken arbeiten kann. Aber es ist eine Frage der unterschiedlichen Vertrauenslevel. Hohe Vertrauenslevel müssen mindestens hardware-basiert sein und es soll möglichst auch zertifizierte Hardware sein. Zertifizierung ist ein ganz wichtiger Punkt, wenn es um Vertrauen geht. Man braucht schon gewisse harte Nachweise, dass die State-of-the-art-Angriffe auch durchgeführt wurden und die Hardware vertrauenswürdig ist in dieser Hinsicht. Und das führt zu der Frage nach dem Entstehungsprozess eines Tokens. Das ist ganz entscheidend. Das Schlüsselmaterial, das auf die Hardware, also beispielsweise einen Token, drauf gebracht wird, ist zwar ein anwendungsspezifischer Schlüssel, der hier drauf erzeugt wird. Aber der Token bekommt auch so eine Art batch-abhängiges Schlüsselpaar, das im Rahmen des Protokolls genutzt wird, um nachzuweisen, aus welcher Batch er stammt und von welchem Hersteller. Es muss also sichergestellt sein, dass Schlüsselmaterial für diese Art von sicheren Anwendungen auch vertrauenswürdig aufgebracht wird. Denn darüber wird letztendlich die Zuordnung gemacht und geklärt, ob dieser oder jener Request von einem zertifizierten Device kommt. Die dritte Dimension ist das trusted ecosystem. Bei der Etablierung eines solchen Ökosystems kann man sehr viel aus dem Bereich PKI lernen, wo nicht nur die technischen Mechanismen bereits etabliert sind, sondern entsprechende Zertifizierungen und Auditierungen, um nachzuweisen, dass die Prozesse eingehalten werden. Hier seien beispielhaft ISO 27001, ETSI und CABF genannt. Die vierte vertrauensbildende Dimension ist die Personalisierung. Das Schlüsselmaterial muss vertraulich behandelt werden, das ist klar. Aber es muss auch die Integrität des Schlüsselmaterials, das auf den Token gespielt wird, garantiert sein.

Authentisierung und Identifikation

Die klassischen PKI-Mechanismen, wenn sie mit dem X.509-Standard arbeiten, mischen ständig Aspekte von Authentisierung und von Identifikation. Wenn man sich mit einem klassischen X.509-Zertifikat authentisiert, bekommt die Gegenseite ja nicht nur mit, dass gerade der richtige Schlüssel eingesetzt wird, sondern die Gegenseite kann auch die Daten im Zertifikat lesen. Das muss sie nicht zwangsläufig tun, aber sie kann es. Man kann sich das vorstellen wie mit einem Schlüsselbund: Wenn man den Schlüssel einer anderen Person hat und weiß, wo diese wohnt, dann kommt man auch durch die Tür, heißt hat Zugang zum Haus, Büro etc. Genauso verhält es sich mit den gängigen Token. Wenn das Passwort bekannt ist, dann hat man auch Zugang zum System, was immer das in dem entsprechenden Fall ist. FIDO verfolgt hier einen etwas anderen Ansatz, indem es Authentisierung und Identifikation klar trennt. Es ist zunächst einmal ein Authentisierungs-Element. Bei FIDO erfährt man nicht, wer genau hinter dem Passwort steckt. Auf das Haustürbeispiel übertragen: Wo die Person wohnt, ist nicht ersichtlich. Das bringt sowohl Vorteile für die Relying Party, also den Anbieter, als auch für den Nutzer. Nämlich Datensicherheit, da nur das Minimum an Daten preisgegeben wird.

So gesehen bewegt man sich technologisch bisher in zwei unterschiedlichen Welten. Es gibt die Authentisierungswelt mit ihren zahlreichen Token. Und es gibt die Welt der hoheitlichen Lösungen mit einer überprüften Identität (nPA usw.). Und typischerweise interagieren diese beiden Welten kaum bis gar nicht miteinander. Wie lassen sich nun diese beiden Welten zusammenbringen? Nicht nur formal im Sinne von „Ich muss irgendwohin gehen und PostIdent machen", sondern wie kann man das in die entsprechenden Prozesse integrieren. Und genau hier setzt FIDO an. FIDO macht in erster Linie Authentisierung, also Token. PKI bringt Token und Zertifikate zusammen. Da hat man sozusagen eine qualifizierte Signatur. Und genau an diesem Punkt kann man aus der Authentisierungswelt in die Identifikationswelt aufsteigen, indem man einerseits FIDO nutzen kann. Andererseits kann man aber auch in dem Post Issuent-Sinne PKI-Zertifikate mithineinnehmen. Und das geht natürlich in beide Richtungen: ein existierendes PKI-System um FIDO anreichern zu PKI+FIDO. Und umgekehrt das FIDO-Ökosystem um PKI ergänzen, also FIDO+PKI. Hier lassen sich also die beiden Welten zusammenbringen: ein Token, das sowohl FIDO kann als auch PKI. Ein gutes Beispiel ist das Sing-me-System, mit dem man Zertifikate auf dem Ausweis nachlädt. Woran D-Trust mit Hochdruck arbeitet, ist die Integration eines FIDO-Tokens in dieses System. Dann kann man sich nämlich mit dem Personalausweis identifizieren, um dann entsprechende Zertifikate nachzuladen, auf das vorhandene Token. Interessant daran ist, dass es ein Java-basiertes System mit Applet im Browser ist. Man kann also ohne Middleware agieren. Des Weiteren wird es noch die Neuerung geben, dass sing-me nicht nur ein Nachlade-, sondern auch ein Nutzungsportal wird. Man wird dann auch damit direkt signieren können, ohne Installation weiterer Module. Man braucht nur noch einen Leser für den Ausweis.

FIDO gehört die Zukunft

FIDO hat das Potenzial, die Welt der Authentisierung zu verändern, das heißt nachhaltig zu verändern. Der Grund dafür liegt in dem hohen Engagement der großen Player, die das Thema aufgreifen und der FIDO Alliance beitreten. Das Vertrauen in FIDO ruht dabei auf dem Vertrauen in den Token und in das Ökosystem. Dieser Trend wird sich fortsetzen, weil es ein interessanter Ansatz ist, der technologisch sehr solide ist und viele Überschneidungen zu den bestehenden Lösungen am Markt hat. Man kann PKI damit integrieren. Und es ist auch noch mal eine Chance, den Nutzer noch stärker in den Fokus zu rücken. Vielleicht werden die Menschen schon in naher Zukunft den Token an der Kasse beim Mediamarkt mitnehmen. Das wäre auch eine Chance, den Sicherheitstoken massentauglich zu machen und die Sicherheit des Einzelnen zu erhöhen.

Digitale Identitäten – Was braucht man zukünftig für eine vertrauenswürdige digitale Identität?

Dr. Friedrich Tönsing

T-Systems

Zusammenfassung

Der Personalausweis ist zumindest in Deutschland das wichtigste Dokument, um seine Identität feststellen zu lassen. Damit kann man sich als Person gegenüber Behörden und anderen Personen legitimieren. Man kann Verträge abschließen und hat somit Zugang zu den Bereichen des Banken-, Versicherungs- und Melderechts. Das gilt zumindest für die so genannte physische Welt. Aber auch in der digitalen Welt hat man Identitäten. Allerdings sind diese selten an ein Dokument geknüpft, schon gar nicht aus Papier. Dies stellt Anbieter von Diensten und Infrastrukturen aus sicherheitstechnischer Sicht vor große Herausforderungen, zumal in einer digitalisierten Welt auch Objekte digitale Identitäten besitzen.

Wann und in wieweit die Menschen ihren Personalausweis einsetzen, ist allen, die einen besitzen, sicherlich klar. Das Vorzeigen des Ausweises beim Einkaufen ist in der Regel nicht üblich, außer bei denen, die ganz frisch einen Ausweis erhalten und besitzen. Da läuft es häufig darauf hinaus, dass es noch nicht erkennbar ist, ob der- oder diejenige über 18 Jahre alt ist oder nicht. Also eine Altersverifikation. Glücklicherweise machen die Wenigsten die Erfahrung, den Ausweis verloren oder gestohlen bekommen zu haben. Dennoch ist es zunächst kein Drama, weil es ein Papier- bzw. Plastikdokument ist, mit einem Bild des rechtmäßigen Besitzers, sodass ein Fremder, der in den Besitz des Ausweises kommt, im Grunde nichts damit anfangen kann.

© Springer Fachmedien Wiesbaden 2015

U. Bub, V. Deleski, K.-D. Wolfenstetter (Hrsg.), *Sicherheit im Wandel von Technologien und Märkten*, DOI 10.1007/978-3-658-11274-5_9

Die Identität in der physischen Welt ist weitgehend gegen Missbrauch geschützt. Wie sieht es aber mit der digitalen Welt aus? Welche Identität oder gar Identitäten existieren dort und welche Regeln für den Einsatz dieser Identitäten gelten dort? Und was passiert, wenn sie gestohlen werden? Wichtige Fragen, die große Herausforderungen an die Sicherheit und den Persönlichkeitsschutz bedeuten.

Digitale Identitäten

Die Prozesse der physischen Welt lassen sich zum Teil auf die digitale Welt übertragen. Wer sich im Internet bewegt, muss sich gegenüber einem Dienst oder einem Portal sozusagen ausweisen. Das ist praktisch seit es das Internet als Netz für alle gibt so. In der Regel wird eine E-Mail-Adresse bzw. ein Benutzername benötigt und zusätzlich ein Passwort. Der Benutzername plus PIN bzw. Passwort – das ist somit die digitale Identität. Damit kann man online einkaufen, Geld überweisen und bei unterschiedlichsten Services und Portalen anmelden. Ganz gleich, ob E-Mail-Service, Google+ oder Facebook, Dropbox oder Amazon, jeder muss sich zunächst registrieren. Dann wird ein Benutzer-Account angelegt. Diese Benutzer-Accounts sind digitale Identitäten in einem gewissen Kontext. Was passiert jedoch, wenn diese Identität gestohlen wird? Und lassen sich digitale Identitäten überhaupt schützen? Diese Fragen lassen sich vielleicht beantworten, wenn weitere Fragen beantwortet sind, nämlich ob die Nutzer überhaupt noch den Überblick über ihre zahlreichen digitalen Identitäten haben und wie sie diese schützen. Die Anzahl der Accounts pro Nutzer nimmt zu. Ein Account ist ja auch sinnvoll, um seinen eigenen geschützten Bereich zu haben. Aber die Zunahme der Accounts ist gleichzeitig eine Zunahme an Komplexität, die jeder unterschiedlich für sich löst. Durchschnittlich, so die Statistik, hat jeder ca. 25 Accounts. Aus Sicherheitsgründen sollte man eigentlich für jeden Account ein individuelles Passwort anlegen, das nur für diesen Account gilt. Aber einige Accounts haben gewisse Passwortregeln, sodass es nicht 25 verschiedene Passwörter sind. 25 verschiedene Passwörter sind auch kaum zu merken. Die Statistik besagt, dass es im Schnitt nur 6,5 bis 7 Passwörter sind verteilt auf 25 Accounts. Und das bringt die Probleme mit sich.

Denn die Angriffe auf digitale Identitäten nehmen zu. Klassischerweise läuft es im Internet so ab, dass Schadsoftware eingespielt wird, die Anmeldedaten abfängt. Es gibt gefälschte Internetseiten, die den Internetnutzer, der sie betrachtet, ausspähen. Es gibt direkte Angriffe, die Passwortspeicher von Diensten abgreifen. Der Nutzer merkt das spät, verzögert oder gar nicht. Folgt man der genannten Statistik, wonach die Nutzer gewissen Regeln folgen, so hat ein Angreifer mit einer E-Mail-Passwort-Kombination eventuell Zugang zu mehreren Accounts des Nutzers. Die negativen Folgen für den Nutzer sind vielfältig. Kriminelle können eine Passwortrücksetzung erwirken und damit den Zugang verhindern. Sie können Online-Einkäufe tätigen, die einen enormen finanziellen Schaden für den Nutzer bedeuten können. Sie können in Sozialen Netzen als der ursprüngliche Nutzer auftreten und dessen Ruf schädigen, indem sie ihn in die rechts-radikale Ecke drängen. Sie können massenhaft E-Mails versenden, auf die Kontakte zugreifen und Daten aus Cloud-Speichern abziehen. Die Tendenz ist, dass Angriffe auf die Datenbanken der Anbieter sich häufen und dass dabei immer höhere Zahlen gemel-det werden, wie zuletzt mit den 1,2 Milliarden (Sommer 2014) gestohlenen digitalen Identitäten durch Cyber-Kriminelle. Diese Vorfälle zeigen, dass mehr Sicherheit für digitale Identitäten auf den Weg gebracht werden muss. In Deutschland kümmert sich auch das BSI sehr intensiv darum. Es hat entsprechende Empfehlungen herausgegeben und ruft Anbieter von Online-Diensten zu mehr Sicherheit auf, beim Zugang auf Syste-me und Daten. Dazu gehört eine starke Verschlüsselung der Datenbanken ebenso wie die umgehende Schließung bekanntgewordener Sicherheitslücken. Eine wichtige Empfeh-lung des BSI ist der flächendeckende Einsatz sicherer Authentisierungsmechanismen. Vor allem die Zwei-Faktor-Authentisierung (2FA) sollte eingeführt und bei den entspre-chenden Diensten zum Standardprozedere werden. Und zwar eine Zwei-Faktor-Authen-tisierung, die über Benutzernamen-Passwort-Kombinationen hinausgeht.

Sichere Authentisierungsmöglichkeiten

Die Empfehlung des BSI, 2FA einzusetzen, bringt auf jeden Fall ein höheres Sicher-heitsniveau. Bei der Umsetzung gibt es unterschiedliche Möglichkeiten der Herange-hensweise. Es gibt so genannte Token-lose-Möglichkeiten durch Einsatz von Handy bzw. Smartphone. Der eine Faktor ist der Besitz des Gerätes, auf dem ein Authentikator läuft, und der zweite Faktor ist das Wissen des Benutzernamens und des Passworts. Im Zusammenspiel löst das den Zugang zum Account aus. Natürlich gibt es auch in diesem Bereich kritische Stimmen, dass diese Methode angreifbar ist und somit nicht sicher. Die andere Methode ist die Token-basierten 2FA. Hier wird also mit einem Hardware-Token gearbeitet. Das FIDO-Token ist hier ein berühmtes Beispiel für den Einsatz im Consu-mer- bzw. Endkunden-Bereich. Bei T-Systems haben die Mitarbeiter beispielsweise One-Time-Pass(OTP)-Token. Es gibt aber auch die Möglichkeit, Smart-Card-basierte Token einzusetzen. Der Faktor Besitz ist hier das Smart-Card-basierte Token, der Faktor Wissen ist die entsprechende PIN – also auch klassische 2FA. Praktisch sieht das dann so aus, dass, wenn man sich als Mitarbeiter im System von T-Systems anmelden möchte, nach wie vor noch die Möglichkeit hat, diese durch Benutzername und Passwort zu tun. Aber es besteht auch die Möglichkeit, eine Smart-Card-basierte Authentifikation einzu-richten. Dann poppt ein Fenster auf, in dem die verschiedenen Zertifikate, die bereits unterstützt werden, angezeigt werden. Nach der Auswahl eines Zertifikats erscheint ein weiteres Fenster, in dem die PIN eingegeben werden muss. Damit ist der Authentisie-rungsprozess abgeschlossen.

Worauf sollte man aus technischer Sicht bei digitalen Identitäten insbesondere achten? Nun dazu gibt es Richtlinien, die einen Weg vorgeben. Laut Technische Richtlinie TR-03107-1 des BSI „Elektronische Identitäten und Vertrauensdienste im E-Government", bei der es um die Qualität und Vertrauenswürdigkeit von Mechanismen geht. Die drei wichtigen Aspekte sind die technische und die organisatorische Seite sowie die rechtliche Sicherheit des Verfahrens. Auf der technischen Seite stehen die Fragen nach den Authentisierungsmittel (Token, Passwörter), die eingesetzt werden. Aber natürlich auch die relevante IT-Infrastruktur und die eingesetzten kryptographischen Verfahren. Organisatorisch geht es um die Qualität des Identifikationsprozesses, die Qualität des Ausstellungs- und Auslieferungsprozesses der Authentisierungsmittel und natürlich um die Vertrauenswürdigkeit des Ausstellers sowie die Vertrauenswürdigkeit der Beteiligten in der Nutzungsphase. Der rechtliche Rahmen deckt vor allem Regelungen in den Prozessordnungen oder besondere gesetzliche Verpflichtungen der beteiligten Stellen ab.

Einsatz von Smart Card Token

Es geht im Grunde um eine lückenlose Ende-zu-Ende-Sicherheit zur Gewährleistung von Vertraulichkeit und Authentizität. Um hochwertige kryptografische Schlüssel, die in sicherer und vertrauenswürdiger Umgebung erzeugt werden. Die Herkunft der Schlüssel sollte zum Beispiel anhand eines „Gütesiegelzertifikats" nachweisbar sein. Es geht um die sichere Speicherung und Nutzung der privaten Schlüssel. Dazu sollten Smart-Card-Technologien eingesetzt werden. Ein Smart-Card-Betriebssystem gewährleistet unter Zuhilfenahme verschiedenster Hardware-Mechanismen eines Smart Card Chips insbesondere die sichere Speicherung und Nutzung der privaten Schlüssel. Und es geht um die sichere Verwendung der privaten Schlüssel. Das heißt, einmal sicher eingebrachte Schlüssel müssen die Smart Card niemals mehr verlassen, da die Nutzung der Schlüssel im Rahmen von kryptographischen Algorithmen innerhalb der Smart Card abläuft. Das Smart Card Token erfüllt die technischen Anforderungen an eine Ende-zu-Ende-Sicherheit weitestgehend. Die technische Anforderung an die Schlüssel, das heißt an die sichere Speicherung der Schlüssel, die sichere Verwendung der Schlüssel, kann von der Smart Card umgesetzt werden. Weitere Vorteile der Smart Card Token: Es ist ein Token mit unterschiedlichen digitalen Identitäten. Es ist also technisch ganz einfach, mehrere digitale Identitäten auf einem Token zu haben. Ein weiterer Vorteil ist, dass die PIN geschützt ist. Und die unterschiedlichen Bauformen von Smart Cards wie Chipkarte, MicroSD-Karte, als Embedded-Komponente oder als Token, das über Bluetooth oder NFC in der näheren Umgebung eingesetzt werden kann, ermöglichen unterschiedliche Anwendungsszenarien.

Sicherheit des Schlüsselmaterials

Ein wichtiger Aspekt bei der Betrachtung der Sicherheit von digitalen Identitäten ist natürlich und insbesondere das Schlüsselmaterial. Das heißt, wo kommt es her und wie sicher ist das? Bei der Bewertung der Sicherheit kann man beispielsweise unterschiedliche Kategorien bzw. Klassen einrichten wie niedrig, mittel und hoch. Geht es um Schlüsselmaterial, dessen Herkunft nicht bekannt ist oder das in der persönlichen Software-Umgebung erzeugt wurde, dann ist die Einordnung klar. Das Sicherheitsniveau ist niedrig. Von dort aus kommt man immer zu einem höheren Sicherheitslevel, je mehr neutrale, dritte Instanzen ins Spiel kommen, die gegebenenfalls auch mit Unterstützung von Zertifizierung nachweisen können, dass es sich um ein zertifiziertes Smart Card Token handelt. Vertrauen in die Sicherheit lässt sich über das Schlüsselmaterial, das bezogen wird, herstellen. Unterschiedliche Stufen der Sicherheit ermöglichen hier eine Bewertung. Das lässt sich auf die digitalen Identitäten von Personen übertragen. Die niedrigste Stufe ist hierbei die Identifikation und vor allem die Verifikation der Identität einer Person anhand der E-Mail. Einen Schritt höher geht es, wenn beispielsweise eine Kopie des Ausweises benötigt wird, um eine digitale Identität zu verifizieren. Hohe Sicherheit bietet dann der nächste Schritt mit persönlichen Legitimationsverfahren wie PostIdent (durch Dritte, also zum Beispiel Angestellte der Post), dem neuen Personalausweis (nPA) oder gar unter Einsatz notarieller Instanzen.

Digitale Identitäten von Objekten

In einer digitalisierten Welt kommunizieren nicht nur Personen miteinander, sondern zunehmend auch Objekte. Die Visionen von einer vernetzten Welt unter den Stichworten „Internet of Things" oder „Industrie 4.0" sind in der Öffentlichkeit allgegenwärtig. Autos, Fernsehgeräte, Produktionsanlagen und Automatisierungssysteme kommunizieren auf unterschiedlichste Art und Weise entweder untereinander oder mit einer zentralen Stelle. Wie steht es also um die Identität von Objekten innerhalb der Systeme? Lassen sich die Aspekte der digitalen Identitäten von Personen auf Objekte übertragen? Jedenfalls kann man bei Objekten ähnlich vorgehen wie bei Personen. Jedes Objekt steht dabei für sich und braucht eine verifizierte Kennung, also eine Identität. Die Registrierung und Identifikation zum Beispiel eines mobilen Endgeräts können über die Geräte-ID, das Typenschild auf der Unterseite eines Notebooks, erfolgen. Das entspricht der E-Mail-Verifikation auf der Personenseite, also eine niedrige Sicherheitsstufe. Und auch hier geht es in der Sicherheit eine Stufe höher, wenn bei Objekten eine Registrierung durch berechtigte Hersteller erfolgt, die während der Produktion den Objekten ein Zertifikat mit der zugehörigen Geräte-ID ausstellen. Und schließlich eine hohe Sicherheitsstufe, wenn behördliche Instanzen, zugelassene Prüfinstitute o. Ä. Zertifikate mit zugehöriger

Geräte-ID für Objekte ausstellen, die beispielsweise eine Bauartgenehmigung, eine Zertifizierung oder andere Prüfverfahren erfolgreich absolviert haben.

Gerade bei den digitalen Identitäten für Objekte gibt es große Standardisierungsbemühungen bei der ISO SC 27. Hier geht es auch um die Frage, wie man bei der Identifikation und Registrierung von Objekten unterschiedliche Qualitätsniveaus einbringen kann. Spannend ist auch die Frage, was passiert eigentlich, wenn so eine Identität schon vergeben ist. Die Frage nach multiplen Identitäten, die während eines Prozesses sogar geändert werden, ist ebenfalls wichtig. Was passiert also, wenn eine Komponente bereits eine Identität hat und dann verkauft wird, das heißt den Besitzer wechselt? Also die Frage nach den Eigentumsrechten. Diese Fragen sind zum Teil noch offen, vor allem die rechtlichen Fragen, und müssen geklärt werden, wenn wir eine hohe Qualität bei den digitalen Identitäten von Objekten erreichen wollen und ein hohes Sicherheitsniveau.

Das Ökosystem der digitalen Identitäten

Ein Weg, mehr Qualität und Sicherheit bei den digitalen Identitäten zu erreichen bzw. die unterschiedlichen Bereiche der digitalen Identitäten von Personen und Objekten mit all den genannten Mechanismen und Prozessen zusammenzubringen, ist ein Ökosystem. Hier wäre ein Zusammenspiel der Identitäten, der Technologien und vor allem der unterschiedlichen neutralen dritten Instanzen wünschenswert. Hier stehen auf der einen Seite Personen mit einer digitalen Identität für verschiedene Anwendungsfelder, die über hohe Qualitätsmerkmale verfügt und durch eine vertrauenswürdige Instanz ausgestellt wurde. Auf der anderen Seite Objekte mit einer Identität und einer zugehörigen digitalen Identität, die ebenfalls hohe Qualitätsmerkmale aufweist und von einer vertrauenswürdigen Instanz ausgestellt wurde. Jeder bekommt eine Identität. Eine Person, die sich gegenüber ebay oder amazon legitimieren möchte, möchte auch wissen, ob es wirklich mit ebay und amazon zu tun hat. Dasselbe gilt für Objekte. Ein Smart Meter Gateway, das mit dem Energieversorger kommuniziert, muss eine Identität haben, damit ihn der Versorger als vertrauenswürdig ansieht. Umgekehrt muss auch der Zähler „wissen", dass es der Versorger ist, mit dem er kommuniziert.

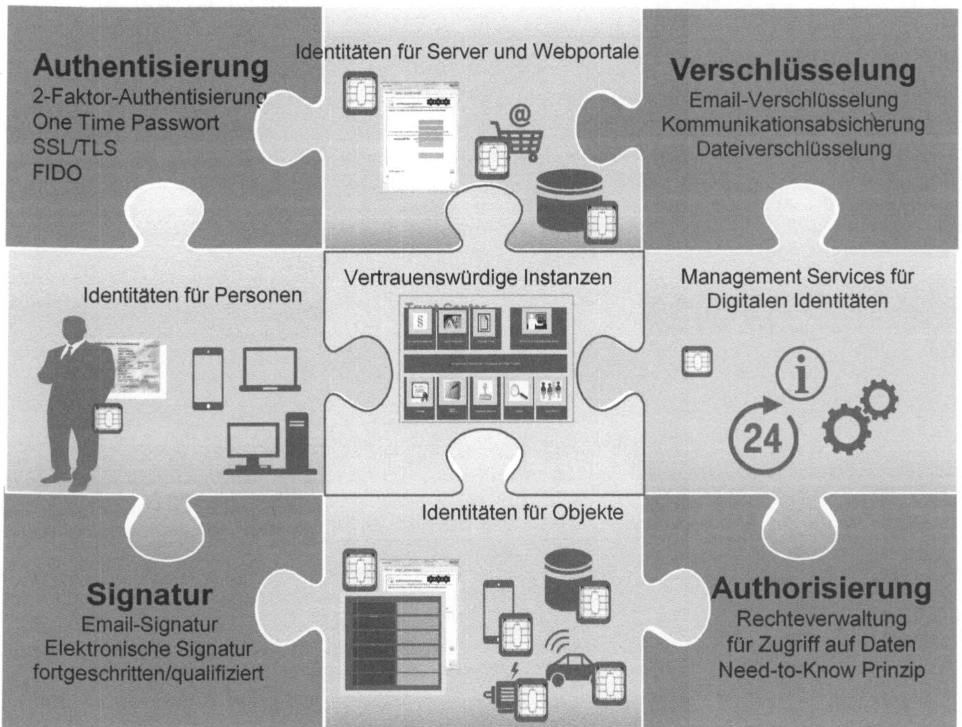

Abb. 9.1 Nutzung der digitalen Identitäten

Wie lassen sich also digitale Identitäten nutzen? Es gibt die einzelnen Bausteine wie Authentisierung (2FA, OTP, FIDO), Verschlüsselung (von Kommunikation und Daten), elektronische Signatur und Autorisierung (Rechteverwaltung, Need-to-know-Prinzip). Und es gibt die unterschiedlichen Rollen: digitale Identitäten für Personen, für Objekte, Server, Web-Portale, Management der digitale Identitäten. Es wird natürlich auch die Kontrolle über eine vertrauenswürdige dritte Instanz benötigt. Und wenn man die Bausteine und Rollen zusammenführt (vgl. Abb. 9.1) und diese entsprechend ineinandergreifen, dann ergibt das ein rundes Bild. Soll heißen, Sicherheit und Flexibilität, nutzerfreundliche Smart-Card-basierte digitale Identitäten für Personen und Objekte in einem Ökosystem mit einheitlichen Regularien. Eine große Herausforderung, um die Welt sicherer zu machen und sie zu verändern.